农田守护者——蠼螋

田彩红 封洪强 编著

金盾出版社

内容提要

本书从蠼螋的读音、常见误区切入,介绍其分布、家族成员与独特外形,辨析易混淆昆虫。书中展现蠼螋的生命周期、生活习性,如护幼行为、防御策略等,重点阐述其作为"农田守护者"的重要作用,同时挖掘它在环境监测、仿生研究等领域的价值,打破大众对蠼螋的刻板印象,呈现这一小昆虫在生态与科研等方面的大能量,兼具科普性与趣味性。

图书在版编目(CIP)数据

农田守护者:蠼螋 / 田彩红,封洪强编著.
北京:金盾出版社,2025. 8. -- ISBN 978-7-5186
-1863-7
Ⅰ. Q969. 27;S181. 6
中国国家版本馆 CIP 数据核字第 2025XV6700 号

农田守护者——蠼螋
NONGTIAN SHOUHUZHE——QUSOU

田彩红 封洪强 编著

出版发行:金盾出版社	开 本:880mm×1230mm 1/32
地 址:北京市丰台区晓月中路29号	印 张:3.5
邮政编码:100165	字 数:83千字
电 话:(010)68276683	版 次:2025年8月第1版
(010)68214039	印 次:2025年8月第1次印刷
印刷装订:北京印刷集团有限责任公司	定 价:49.67元
经 销:新华书店	

(凡购买金盾出版社的图书,如有缺页、倒页、脱页者,本社发行部负责调换)
版权所有 侵权必究

序

蠼螋是革翅目昆虫的统称,中国古代曾有蛷螋、蚙蟜、冰螋、密虮、虮蜓、虫務蛷、钱龙、磔蛸等称呼,俗称搜夹子、耳夹子、夹板子、剪尾虫、剪刀虫、剪指甲虫、夹板虫等,简称螋。"蠼螋"释名最早见于李时珍的《本草纲目》中:"蠼螋喜伏氍毹之下",即这类昆虫因喜欢藏在氍毹(音 qú sōu,毛织物)下而得名。

蠼螋的英文单词有 earwig、dermapteran、dermapteron、dermapterous insect 等 4 个,后 3 者衍生于革翅目学名 Dermaptera,该学名由希腊语"δερμα"(革质)+"πτερά"(翅)组成,意指其前翅革质。而 earwig 一词源于古英语 ēare,意为 ear(耳)+ wicga(昆虫)。昆虫学家对此曾有多种解释:有人认为指该类昆虫的后翅伸展开来后像人耳;更普遍的说法 earwig 为"耳中物",传说此类昆虫可能进入熟睡者的耳中,再潜入人脑产卵、取食等;有人认为 earwig 一词是 ear 与 wing(翅)相加的讹称。其实,蠼螋并不刻意爬进人耳,更不会进入人脑;但的确偶有其入耳的报道,特别是在夏季当人们席地而卧或出游躺在草地上入睡时,比较容易遭到该类虫子的入耳之害。

革翅目昆虫有着近 3 亿年的进化历史,是不全变态类昆虫中一个较大的类群;现生的蠼螋全球已知 12 科约 2000 种,盛产于热带和亚热带。成虫体长多为 5～57 mm,最大的现生种为褐巨螋 *Titanolabis colossea* (Dohrn);绝大多数种类腹尾部有两个大小不一、形态各异的尾夹,少数种类有两个长长的尾须;

其发达的尾夹能有效地防御天敌攻击和帮助取食。蠼螋对人无毒，但因大多数种类尾部具有两个坚硬的大夹子，让人望而生畏。

这类昆虫并不像李时珍记载的那样喜欢在地毯下，它们喜欢潮湿阴暗的环境，多藏于土壤、石块、枯枝、死树皮、垃圾之下，少数种类生活在洞穴中。蠼螋昼伏夜出，因此不易被人发现。其食性宽泛，有的取食植物的花粉、嫩叶，为害三叶草、玉米等；有的取食腐败物；有的取食其他昆虫，为捕食性天敌，常见于农林生态系统中，在农林害虫的自然抑制方面起着重要作用；无翅的蝠螋和鼠螋则寄生于蝙蝠或老鼠身上。

中国蠼螋已知9科近240种，除分类研究外，其生物学、生态学的研究较少。田彩红博士与封洪强研究员等近年来对农田蠼螋（特别是溪岸蠼螋）的生物生态学及其在生物防治的应用等方面进行了一系列研究，发表了多篇论文，申报了多个专利。为了让大家了解与利用蠼螋这类神奇的昆虫，他们博览群书，结合亲历，以生动的文笔为大家呈现了这本科普读物。

该书内容丰富，不仅包括蠼螋的形态学、生物学、常见种类、饲养技巧、生态功能与应用等方面的内容，还介绍了其独特的护幼行为、后翅的仿生应用等国内外研究进展。相信您通过该书能走进神奇的蠼螋世界！

彩万志

中国农业大学昆虫学系教授

书写蠼螋文化宝典的第一页

新时代，我国强调关于强化科普的价值引领功能。一是加强顶层设计。《关于新时代进一步加强科学技术普及工作的意见》明确提出，科普工作的工作要求是坚持党的领导，把党的领导贯彻到科普工作全过程，突出科普工作政治属性，强化价值引领，践行社会主义核心价值观，大力弘扬科学精神和科学家精神。二是强化任务部署。从着力塑造时代新风、加强科普工作部署，不断加大科普优质内容供给，净化网络科普生态，积极推动把科学精神和科学家精神融入创新实践。

全世界被发现的昆虫已达到120万种，占已知动物物种总数的70%以上。如今研究昆虫资源、利用昆虫资源、开发昆虫产业，俨然成为全球性的热点。

蠼螋，这个很多人连名字都叫不准的物种，尽管在生产生活中常见，但人们却对其生态功能知之甚少，给大家造成了既熟悉又陌生的感觉。所谓"熟悉"是指其几乎处处存在，许多人都见过；所谓"陌生"是指其在自然界中的角色几乎无人知晓，甚至引起了很多误解，导致了很多错误的想法或贻误了很多开发利用的机会。世界上本就只有极少的人能有意愿和能力投身蠼螋研究，更不说将蠼螋应用到生产生活中了。

蠼螋，因其腹部独特的钳子而闻名，这种令人好奇的生物，又经常会引起人们的恐惧。儿时的我们会翻开石头寻找蝎子等小动物，也经常会发现石块下面蠼螋的身影，但是叫不上它的名字。由于它具有长条形体躯，且身体后端的尾钳比较醒目，因此在中原地带被戏称为"双钩蝎子",也称为"蝎子舅舅"或"夹板虫"。

全球范围内,蠼螋有超过2000个种分布在不同的生境中,在我国就有229种,此外还存在待鉴定的种。可以说它们是一个多样性和适应性很强的群体。其实,蠼螋是大自然馈赠给人类的精美礼物,其原始的形态、利用尾铗捕食的广食性、抱窝扶幼的母性行为、后翅特有的折叠结构等,吸引了广大学者。蠼螋奇特的捕食性和多样的生境,不仅满足了其自身繁衍生息的需要,还使其成为广受人们认可的环境指示物。是时候揭开蠼螋神秘的面纱了!

笔者长期从事蠼螋的基础研究,探索蠼螋的人工繁育,在蠼螋领域取得了一定的成果。其间发表论文多篇,获得专利多项,在历经长期坎坷的科学研究过程中,逐渐形成了关于其未来发展走向的深刻感悟:①科学研究是蠼螋保育、抚育和人工繁育的基础。常言道"有虫便是王",拥有种类多、数量大、周期长的蠼螋虫源供应,是保障蠼螋研究工作持续推进的关键,因此人工大量繁育蠼螋至关重要。而成功的蠼螋繁育及应用带来的经济利益又能反哺于科学研究,进一步为保育、抚育及人工繁育工作注入源源不断的动力。②蠼螋不能为保护而保护,不能就保护而保护,要将保护和科普相融合,通过反哺保护,合理开发利用蠼螋,在达到产业化中保护,真正让蠼螋造福人类,让人们享受到蠼螋带来的红利,从而更加热爱并保护蠼螋。③昆虫产业有别于传统的高新产业,蠼螋作为一类特殊的昆虫,更要以"以虫治虫"思想为指导,融合一、二、三产业,践行"蠼螋+"和"+蠼螋"的创新模式,以"天敌昆虫"产品为核心打造"蠼螋产品产业群",最大化延长其产业链,最大化彰显其产业价值。④蠼螋产业不能乱做,政府要出面规划引导，专家要提供科技支撑，行业要建立产业联盟、制定产业标准，从而全方位引领中国的蠼螋产业健康发展。⑤蠼螋产业必须与蠼螋科普紧密结合，否则公众对蠼螋及其产业不了解，就难以认识到蠼螋产业的含金量，也错失了让广大民众了解蠼螋，进而激发民众保护蠼螋热情并坚定支持蠼螋产业的良机。

　　科学研究要把论文写在大地上，要和生产实践相结合。只有将科学研究成果切实指导产业前行之路，产业发展所汇聚的资源与需求才能反过来吸引专家投身科研，从而形成良性互动。目前，有关蠼螋的科学普及论著基本是空白，严重制约了人类对蠼螋的认知。出于对蠼螋的热爱，本着对蠼螋科学普及负责的态度，在各界的支持和鼓励下，笔者斗胆尝试推出中国乃至世界第一部重点阐述蠼螋科普的书籍，期望为"蠼螋文化宝库"增添浓墨重彩的一笔，助力蠼螋文化健康发展。愿本书作为引玉之砖，激荡起社会大众对蠼螋科普热烈讨论的涟漪，唤起更多的人重视蠼螋、科学对待蠼螋，使人们更珍惜蠼螋并与蠼螋友好相处。更希望本书能像蠼螋护犊一样，为保护蠼螋产业的繁衍生息出一份力，为摸索前行中的蠼螋应用发展插上飞翔的翅膀，让蠼螋造福人类，助推蠼螋应用。

　　本书的完成不是笔者一个人的力量，还汇集了各位编著者的智慧，更包含了多位蠼螋专家和蠼螋从业者的贡献。在此，特别感谢张俊逸、Mariam Tallat、张胜涛、官玉晶、曹梦真、江梦琪、邵慧曼、范圆梦、秦豪杰、王泽权、徐存翊、黄博、曹华毅、游永康、李辉、赵军、封洪云、刘彬、钟景、蔡婷、陈嘉洁、姬婷婕、李俊鹏、李国平、黄建荣、王根松。本书受以下基金项目支持：国家重点研发计划项目课题一（草地贪夜蛾发生规律和灾变机制研究2021YFD1400701），2023年度河南省科技攻关（联合基金项目），2024年度省级科技研发计划联合基金（优势学科培育类），河南省农业科学院自主创新项目（2025ZC52），河南省农业科学院农业害虫监测与防控团队项目等。

由于编著者水平有限，书中不当与疏漏在所难免，恳请读者不吝指正！以便我们进一步修改和提高。

田彩红

我和蠳螋的小故事

在我们课题组从事蠳螋研究的工作中,我是最早参与的学生。2020年6月,我和我的同学在河南省农业科学院内的河南省0号昆虫雷达野外科学观测研究站基地驻扎,从此与面目狰狞的蠳螋结缘。烈日下,连续3天我几乎翻遍了近50亩[①]玉米田微喷带,只抓到了一只蠳螋。我把它放进养虫盒,同时放进了玉米叶子和甜菜夜蛾的幼虫供它选择取食。看着它不停地在盒内打滚和奔跑,我心中却无比惆怅:照这速度,怎么才能够饲养起来?

第二天,更加悲催的事情发生了,这仅有的一只蠳螋竟然变成了尸体!此时外面还在下着暴雨,我什么时候才能再次下地捉虫?带着迷茫惆怅的心情我踏进了田老师办公室的门。

田老师不仅是良师,更是益友,她和我共同分析遇到的问题,见我对此还是没有把握,她便把手里的项目一一列出,让我另外选择自己喜欢的方向。但最终我还是选择蠳螋,这是我来农科院前在学校选择实习方向时就决定好的。

在田老师和我的共同努力下,我们炒制诱饵,在其中添加各种诱集气味,通过正交筛选,在田间反复试验,终于在6月中旬我们诱到了大批量蠳螋,看着诱捕器内密密麻麻、张牙舞爪的蠳螋,我不自觉流下了喜悦的泪水。田老师也经常来基地,在诱捕工作取得成功的那天,田老师请大家吃了庆功宴。就此,广泛的、深入的研究蠳螋的序幕被徐徐拉开。

——张俊逸

---

① 1亩≈667平方米。

2024年，为了完成我的毕业设计，我一直在河南省农业科学院的现代农业开发基地或国家生物育种产业创新中心的晚播玉米田里诱集、批量饲养和释放蠼螋。因为是崭新的开始，我对一切都懵懵懂懂，刚开始我对这种"可怕的"虫子非常抗拒，在田老师的带领下，我学会了利用蠼螋"以虫治虫"，从而保护农田作物的方法。从不解到热爱，我渐渐地迷上了蠼螋。

——秦豪杰

第一次见到蠼螋是我上小学一年级的时候，当时妈妈买了玉米放在地板砖上，当我拿开玉米打扫卫生时，发现玉米下边有一头尾巴上有两个尖刺的"小怪物"，把我和妈妈都吓了一跳，还没等我驱赶，它便很快在我们视线中消失了。

再次见面，已是2024年的暑期，我来到河南省农业科学院植物保护研究所跟随田彩红老师一起做毕业设计。我的选题是关于蠼螋饲养和蠼螋生物学特性方面的问题，这次见到蠼螋让我更加深入了解了它们，渐渐地我开始对这种生物充满了探索的欲望。

通过田老师的讲述我了解到蠼螋喜欢气味比较大的带腥味的食物，于是我们针对这一特点建立了特殊的诱捕装置，并放置在玉米田和大蒜田中。结果是并没有诱捕到蠼螋，第一次诱捕就以失败告终，心情沮丧……

经历了失败的实验之后，我找到田老师，进一步详细了解蠼螋的生物学特性。收拾好沮丧的心情，再度出征诱集蠼螋！由于经验的缺乏我们只能一步步地改进，如果说第一次诱捕看到诱捕器中没有蠼螋内心是失落的，那第二次诱捕的心情则是跌宕起伏的，一开始看到诱捕器中有了蠼螋，内心非常激动和开心，但是仔细一看发现蠼螋溺亡在水里，心情又一下子跌落下来。好在第三次诱捕带来了成功的喜悦，也给我之后诱捕蠼蝼增加了信心。

　　成功诱捕蝼蝈后,我们试图通过让它们繁殖来获得更多蝼蝈。我们在透明塑料盒中放入1/3湿土壤,每盒投入50头蝼蝈成虫,让蝼蝈成虫交配。我们观察到,在卵产出后,雌性蝼蝈并不会立刻离去,而是照顾新产出的卵直到蝼蝈宝宝从卵孵化并发育到2龄若虫,这时,蝼蝈宝宝已经有了生存的能力,它们的妈妈才会离开它们,让它们独自生活。

——邵慧曼

　　我的毕业设计也与蝼蝈有关。由于需要观察蝼蝈的生活习性等一些特征,所以我在课题组原有饲养方法的基础上做了一定的创新改造。即通过在一次性食品盒底部放置两张滤纸,为蝼蝈创造一个类似于可以钻缝的环境,并在滤纸的上边放置滤纸条给其创造一个攀爬的环境,最上边铺上两层浸湿的纸为蝼蝈整个生长环境提供水分。在食品盒的盖子上也做了特殊的处理——开了一个洞并固定上纱布,使盒子内外可以进行空气的交换并防止蝼蝈逃跑。

改造后的蝼蝈饲养盒

农田守护者——蝼蛄

饲养了蝼蛄一段时间，某一天我偶然发现饲养盒中出现了类似蝼蛄卵的物体，跟老师求证后发现这些物体确实是蝼蛄的卵。我们把卵粒单独放置在一个透明盒子里每天进行观察和称重。

在饲养盒中发现蝼蛄卵

观察蝼蛄卵孵化的过程对我来说漫长而煎熬，不仅因为这是我第一次人工孵化蝼蛄，而且根据蝼蛄的习性，蝼蛄的妈妈要跟卵一起抱窝直到蝼蛄二龄，但现在我把它们单独取了出来！我时刻都在担心着万一孵化不出来怎么办！时间一天一天

孵化的蝼蛄

慢慢过去！终于在第八天，我在透明盒子里看到了移动的身影，我赶忙打开盒子观察：1头，2头……总共有15头蠼螋孵化了出来，它们小小的。看到它们的时候我除了激动还有些不知所措。激动是终于看到了胜利的曙光，不知所措是我不知道拿它们怎么办，我该不该给它们喂食？它们吃什么长大？我想我需要一本关于蠼螋的手册……

——范圆梦

目 录

一、蠼螋到底是什么？ ················· 1

 （一）蠼螋——这两个字怎么读 ··········· 1

 （二）蠼螋真的会爬进人们耳朵里吗 ········ 2

二、神奇的蠼螋在哪里 ················ 5

三、身材独特的小怪物 ················ 10

 （一）头部 ······················ 11

 （二）胸部 ······················ 15

 （三）腹部 ······················ 17

 （四）翅 ························ 21

 （五）足 ························ 24

 （六）尾须 ······················ 25

四、蠼螋的"七大姑八大姨" ············ 27

 （一）缘殖肥螋 ··················· 27

 （二）溪岸蠼螋 ··················· 28

 （三）垂缘螋 ····················· 31

五、注意！它们可不是蠼螋 ············ 33

 （一）隐翅虫 ····················· 33

 （二）步甲 ······················ 34

（三）龙虱 ……………………………………… 35
（四）虮 …………………………………………… 36

六、蠷螋平凡的小日子 …………………………… 38

（一）蠷螋的一生 …………………………… 38
（二）寒冷的冬天蠷螋去哪了 ……………… 40
（三）虫界护幼第一名的妈妈 ……………… 41
（四）神奇的信号 …………………………… 44
（五）蠷螋的"战斗"风采 …………………… 46
（六）独特的趋光"夜行者" ………………… 49
（七）吃嘛嘛香 ……………………………… 50
（八）蠷螋的防御小妙招 …………………… 52

七、饲养蠷螋全攻略 …………………………… 54

（一）抓住那只蠷螋 ………………………… 54
（二）特殊的美食——以虫养虫 …………… 57
（三）为蠷螋提供一个舒适的家 …………… 58

八、小蠷螋　大能量 …………………………… 61

（一）农田守护者 …………………………… 62
（二）环境监测员 …………………………… 74
（三）仿生小模特 …………………………… 77
（四）丑萌的宠物 …………………………… 80
（五）行走的药房 …………………………… 83
（六）高营养食品 …………………………… 85

后记 ………………………………………… 88

参考文献 ……………………………………… 90

一、蠼螋到底是什么？

蠼螋，大多数人连名字都叫不准的生物，到底是什么呢？如果你在田地里，家中的地板缝或墙角等地方发现如图1-1所示的小昆虫，请不要惊慌，它们就是我们要介绍的对象——蠼螋。

图1-1 蠼螋

（一）蠼螋——这两个字怎么读

蠼螋，读音为qú sōu，是昆虫界革翅目昆虫的总称，民间俗称夹板子、剪指甲虫、夹板虫、剪刀虫、耳夹子虫等。这类虫外表"狰狞"，有长长的触角，头部为三角形，尾部武装着一对强有力的大"钳子"，身着棕色结实的闪亮革质外套，当受到惊吓或攻击时，蠼螋会以蝎子般的方式将尾铗翘起圈到背部。

在我国明代，李时珍曾以"蠼螋喜伏氍（qú）毹（sōu）下，故名"，描述其名称的由来，通俗地说就是因为蠼螋特别喜欢隐藏在毛毯之下，而古代称这种毛毯为氍毹（shū），因此这种虫子就以蠼螋为名。

然而蠼螋在我国的名声却一直不太好，可能受其怪异的"长相"及拥有让一般人初见时就有所畏惧的一副"钳子"，往往让人趋而避之。也有一些古老的传说或古籍，在一定程度上丑化了"无辜"的小蠼螋，如古代传说：如果蠼螋对着某人的影子撒尿，那么这个人就摊上大事了，不久这人就会生疮，也就是人们俗称的"蠼螋疮"。但有一点需要注意的是，古代书籍中所记载的蠼螋并不能证实与现在所见的蠼螋是同一物种，如《巢氏病源》一书中记载"蠼螋虫长一寸许，身有毛如毫毛，长五六分，脚多而甚细，居处屋壁之间"，也就是说蠼螋长3厘米左右，身上的毛有15厘米长，有很多只脚且都非常细，常常生活在房屋墙壁的缝隙之中。显然单从所记载文字来看，与现在蠼螋的形态特征有较大出入，且"蠼螋疮"的传说如今看来也毫无科学依据。

（二）蠼螋真的会爬进人们耳朵里吗

蠼螋英文名为Earwig，直译为耳朵虫，和中国的命名不同，主流观点认为其名字来源于欧洲的传说，应该是世界上唯一一种根据传说来正式命名的昆虫：Earwig——来自古英语中的耳朵（eare）和虫子（wicga）。除了英语，很多欧洲的其他语言也有类似表述，比如法语Perce-oreille可理解为一种会刺穿耳朵的虫，荷兰语Oorworm中"oor"和"worm"分别表示耳朵和蠕虫，等等。相传由于蠼螋喜好狭窄的空间，在漆黑的夜晚，繁殖期的蠼螋就会专门钻进人类熟睡者的耳道，夹破耳膜产卵，

一、蠼螋到底是什么？

孵出幼虫后，幼虫以人类脑髓为食，最终致人发疯，事实果真如此？

显然这只是一个传说，虽然没有根据，但谣言却长期存在且被广泛传播。下面两张图来自网络，但并不能支撑蠼螋喜欢爬进人类耳朵里这一观点。其中图 1-2 不能说明蠼螋主动钻进耳朵。图 1-3 明显是错误的，因为图中蠼螋第三和第四腹节断裂，触角卷曲，证明这只蠼螋已经死亡。尽管这种现象在中世纪开始的资料中就有记载，并在多种语言中有所体现，但无论国内还是国外，蠼螋在生活中与人们正面交锋的机会不多，关于蠼螋寻找人耳并造成精神错乱或其他损害的说法没有科学依据。当在一个人的耳朵里发现了蠼螋时，很可能是蠼螋偶然在那里徘徊，这些虫子只有在极特殊的情况下会进入耳朵，导致严重的耳朵不适。这类昆虫遭受着坏名声折磨的另一个原因，可能来自它们令人生畏的外表。但除了偶然的来自它们凶狠的尾铗微弱的夹力之外，蠼螋并不会伤害人类。它们的钳子多用

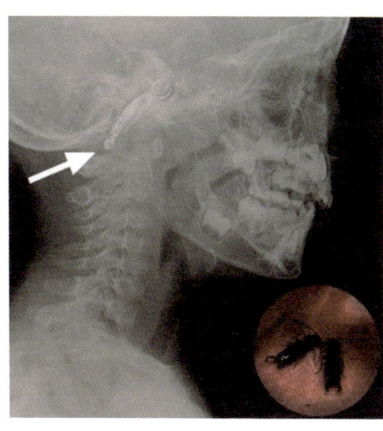

图 1-2 网传蠼螋进入人类大脑的图

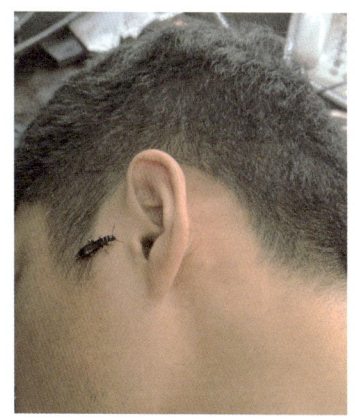

图 1-3 蠼螋进入人耳的假想图

来帮助繁殖，捕食猎物，保卫自己。如果被徒手捉到，蠼螋很可能利用尾铗夹住人。虽然夹伤带来的疼痛让人感觉到不适，但它不会分泌毒液或传播疾病。此外，当受到外界威胁时，它们还可以从其腺体中发射出带臭味的黄褐色液体，这种液体通常也不会对人类造成严重危害。此外，关于蠼螋英文名称的来源还有一种说法是，蠼螋的翅展开后，像极了人类的耳朵，因此叫作耳朵虫。

小贴士

蠼螋不会随便跑到你的耳朵里

蠼螋通过耳朵在人类大脑繁殖不具备科学依据，其原因是：

①再凶残的虫子也只能咬破人的鼓膜及耳内软组织，而不会进入大脑，因为大脑周围有坚硬的头骨保护；

②蠼螋喜欢潮湿的环境，巢穴一般在石头下方或者泥土中，以人类为代表的哺乳动物身体里既没有适宜栖息的环境，也没有充足的食物来源，也就难以成为蠼螋的目标场所；

③蠼螋的身体结构使其更适应在平面或有一定缝隙的环境中爬行，而人类耳朵内部的结构和弯曲的耳道，对蠼螋而言并不容易进入，也不是最佳生存空间。

二、神奇的蠼螋在哪里

蠼螋是革翅目昆虫的统称,而革翅目昆虫为全世界广泛分布的昆虫类群之一,革翅目昆虫的翅不算发达,飞行能力不强,有些种类翅已退化或完全无翅,不能飞行,加之喜隐伏阴暗、潮湿处,白天少活动,因此扩散能力不强,迁移的范围较局限。不同的微环境栖息着不同种类的蠼螋,如溪岸蠼螋有长翅型和短翅型两种。多年来,笔者在玉米田发现了长翅型溪岸蠼螋(图 2-1)和短翅型溪岸蠼螋(图 2-2)。

图 2-1 长翅型溪岸蠼螋

图 2-2 玉米田中的短翅型溪岸蠼螋

蠼螋种类繁多，分布广泛，很难确定一个绝对的原产地，一般认为其起源于热带和亚热带地区。虽然有些种类能附着于水中植物并随之在水面上漂浮一段时间，但蠼螋本身并不主动下水，不能随水流做长距离的迁徙，所以总的来说，不同种类的蠼螋分布地是相当局限的。

中生代以后，革翅目昆虫的演化和发展，除在原生地沿着原型进行以外，地区性的环境状况变化，是造成分散甚至隔离、分化的重要原因。例如，气温骤降便能造成大部群体的灭绝，边缘地带幸存的种类或群体，可能迁至更适合生存的邻近地区，并逐渐繁衍、分化。造山运动、地层断裂，也可能使革翅目昆虫被迫迁徙或造成隔离，如在喜马拉雅山的分布、横断山区的物种分化，很可能便是此类地质地层变化的结果。

在全球范围内，蠼螋有超过 2000 个已知的种类分布在不同的生境中，分别属于 3 个亚目，除了南北极外，到处可见蠼螋的踪影，主要分布在南半球，又以热带较多，从温带向寒带愈

二、神奇的蠷螋在哪里

来愈少（图 2-3）。我国已记载的蠷螋包括 8 科 57 属 211 种及亚种，主要分布在北京、河北、山东、山西、河南、陕西、江苏、安徽、湖北、江西、台湾、新疆和西藏等地。这些物种在大小、栖息地偏好和行为上表现出相当大的差异。尽管它们的外形和栖息地各不相同，但所有蠷螋的特征都一样，即在腹部末端有一对类似钳子的尾铗，用于防御和交配。

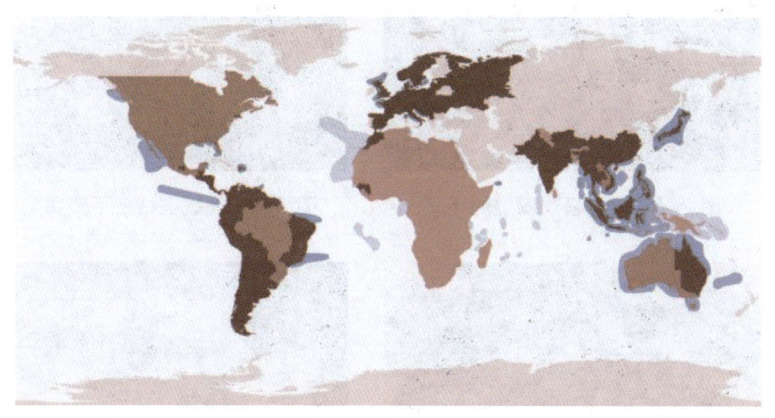

图 2-3　蠷螋的世界分布图，颜色的深浅代表着数量和种的多少

（Fattorini，2022）

蠷螋还是一个适应性很强的群体，从森林和沙漠到山区和城市，几乎可以在所有生境中发现其踪迹。蠷螋喜欢温暖且阴暗潮湿的环境，因此多存在于田间富含腐殖质的粪土堆、石块、枯叶、垃圾等杂物下面；在建筑物中也能见到，一般躲藏在潮湿的下水道口、花盆下、厨房和卫生间的角落等地方，不过湿度太低的环境可能会使蠷螋感染绿僵菌，还可能使幼虫脱水死亡（图 2-4 至图 2-6）。大多数蠷螋是昼伏夜出，白天仅躲藏在洞穴中，若是受到惊吓，会急速逃跑。蠷螋爬行速度快，虽然大多数有翅但是不善于飞行，也有一些蠷螋

完全没有翅膀（图2-7）。少数善于飞行的蠼螋有趋光性，夜间飞行时会被灯光吸引，它们在那里捕食小型昆虫，既吃死虫又吃活虫。

图2-4　蠼螋喜欢潮湿的环境

图2-5　蠼螋在枯枝下产卵

图2-6　感染绿僵菌的蠼螋

图2-7　无翅蠼螋

生活中，蠼螋也可能与人们不期而遇。虽然蠼螋主要生活在室外，但它喜欢躲藏在植物的花瓣上、叶子间或果实内部的习性使它经常被带到家中。蠼螋为了寻找黑暗潮湿的环境和食物，也会独自进入人类家中。它们很可能是通过管道周围的小裂缝或其他开口处进入住宅的。一旦在住宅中找到合适的生存空间和充足的食物，它们就可能会在阴暗潮湿的缝隙中很快繁

二、神奇的蠼螋在哪里

衍开来,尤其是在地下室、车库、卫生间和厨房。还有一种情况是外界温度变得太干、太热或太冷,蠼螋也可能闯入人类住宅寻求庇护。

当蠼螋进入家中,如果你徒手去抓它,即使对它不造成任何实质性伤害或破坏,受到干扰的蠼螋由于自我防御机制,也会从腹部产生明显的恶臭气味,还可能会用钳子来保卫自己,你可能会受到它钳子的攻击,这种攻击会造成不舒服甚至会留下一个划痕,但并无毒液注入体内。

不管蠼螋看起来怎么样,它对人类利益的破坏相当有限,它们既不会引起牲畜、宠物或人类的健康问题,也不会损坏建筑物。如果和蠼螋共处一室会引起你心理上的不舒服,可用吸尘器或扫帚和簸箕把它们清理掉。也可以通过降低室内的湿度,帮助摆脱蠼螋。还有一种说法是:蠼螋进宅,无"食"不来。蠼螋是杂食性的,几乎任何食物都可以吃,来你家里就是因为有好吃的,及时清扫一下吧。然而,由于它们在夜间最为活跃,你可能无法找到藏在家中的每一个蠼螋。不过也不用太担心,除了剩饭剩菜外,它可能不会在房屋周围找到太多的食物,因此大概率不会在室内繁殖。

三、身材独特的小怪物

蠼螋界中的小怪物们,身材各色各样,尽管体型中等大小的种最为常见,也不乏少数体型较小,如美洲产小姬苔螋,体长不足5毫米,另外也有一部分体型较大,如圣赫勒拿蠼螋,体长可达近80毫米。由于适应狭小的栖居环境,蠼螋体型多较长且扁平,体表强几丁质化,这使得它们的外壳物理性质优良,化学稳定性高。多数蠼螋体表光滑,少数种类体表附毛,如蝠螋属。头部宽扁,能自如活动;触角丝状,多节;复眼通常较发达,但蝠螋类复眼退化仅留痕迹,部分鼠螋类复眼缺失,一般无单眼;口器多数为咀嚼式,上颚发达;前胸多呈近方形;足较短,有爪;翅有或无或短缩,有翅的种类前翅呈革质,较短,后翅呈耳形、扇形、半圆形或宽卵形,有很多皱褶;腹部长,由于翅短,未能完全遮盖腹部,所以大部分腹节暴露;尾须1对,呈铗形。

蠼螋一生经历卵、若虫、成虫3个阶段,其中若虫经历5个龄期。每蜕一次皮就是一个龄期,除了个体增大和触角节数增加外,其他特征基本保持不变。在性别方面,最明显的区别是钳子的大小和形状。与雌性相比,雄虫的钳子通常更大、更弯曲(图3-1、图3-2)。

三、身材独特的小怪物

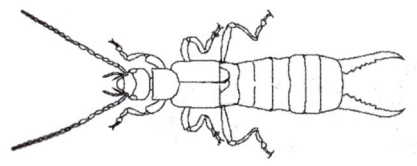

图 3-1 蠼螋雄虫

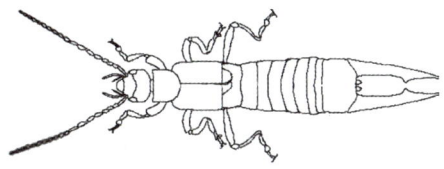

图 3-2 蠼螋雌虫

（一）头部

一般雄性成虫头部大于雌性，并有多种形状，从背面看近三角形、菱形、近方形、心形、圆铲形、蛙头形、长方形、扁圆形、五边形等；而从侧面看似卵形。头的后部多平截，中后部微凹，通常可见各部位的沟或缝，如头盖缝、额缝等。冠缝通常较长，纵向，位于头正中，自后头后缘中部至额；额缝位于额部，常自复眼斜向后行，与冠缝相遇，合成"Y"形的头盖缝，有些种类额缝横行于两复眼间，与冠缝相遇，合成"T"形，或呈弓形，横跨于两复眼间。冠缝与额缝的情况多变，头部平滑或隆起较强的种类，冠缝多不明显，或不达额前，额缝亦可能不见或不明显；还有些种类具有上颚缝，因上颚膨胀较强，上颚缝明显，自复眼内缘近中部后斜，至头的后缘近中部，两缝分离或近或远；有些种类后头区中部有凹穴或横弧沟；有些种类额或有纵沟（图 3-3）。

图 3-3 螳蟋的头部

头部的外轮可见刻纹或点,有的种类头部具微隆起的脊,丝尾蟋属的某些种类常有一斜脊自眼至头后部后缘,雄虫此脊尤其明显。额的曲度一般较平稳,有些种类雄虫额肿大而突起,与后头有明显的分界。

触角细长,丝状,分节。节的数目因种类不同可有很大差异,少的只有9节,多的可达50节,如黄扁蟋。触角的节数常作为分类的依据之一。第1节长,总体似棍棒形,有的种类此节有隆脊;第2节小,多呈圆柱形;第3节长度和形状多变,有圆柱形、卵形或棍棒形;第4节通常较小;第5节以后逐节增长。触角上常有鞭毛,各节的鞭毛长度可能不同(图3-4)。

触角上面密密麻麻地布满了多种多样的感器,这些感器又分为毛形感器、刺形感器、芽孢形感器、鳞形感器、栓锥形感器、Böhm 氏鬃毛[①]、坛形感器和腔乳头状感器,其中芽孢形感器为雄虫所特有。在触角的不同亚节上,感器类型和数量又有所不同:

---

① Böhm 氏鬃毛:(Böhm bristles,BB)是唯一不生在触角表皮网纹区上的感器。此类感器较刺形感器短而尖,形如短刺,不具臼状窝,垂直于触角表面,光滑无孔。

三、身材独特的小怪物

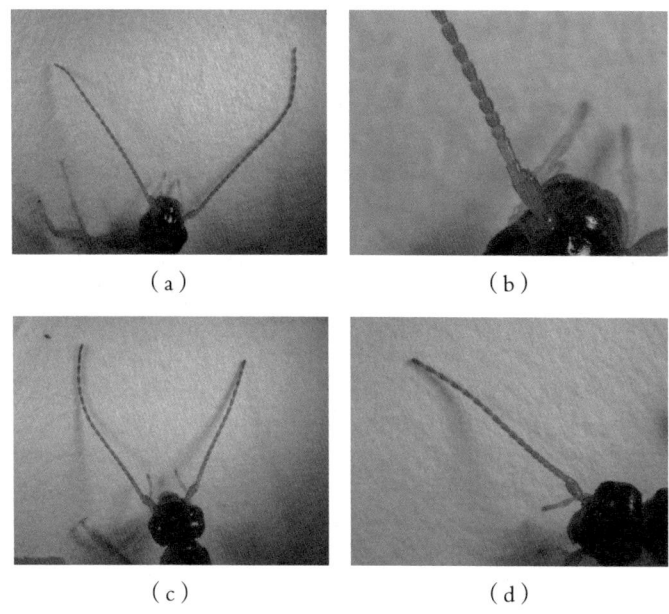

图 3-4 螳蛉的触角

（a）雌成虫触角；（b）雌成虫触角其中的一支；（c）雄成虫触角；
（d）雄成虫触角其中的一支

鞭节上感器种类丰富于柄节和梗节，雄虫触角上的感器种类和数量多于雌虫（图 3-5）。触角上不同的感器分别或者共同行使嗅觉、触觉和听觉功能，触角各节长度之比，常作为分类的依据。

复眼较大，通常不具有单眼，从侧面观察多呈椭圆形，少数种类呈圆形或肾形，丝尾螳属的种类复眼大而外突明显。通常雄虫复眼比雌虫复眼大，少数种类复眼退化，仅留痕迹。

口器为咀嚼式，这种前口式的咀嚼式口器有利于捕食。上颚发达，背腹平，强几丁质化，腹面观近三角形，外缘弧曲，内缘不整齐凹陷，但鼠螳类内缘较平缓。下颚介于下唇和颊之间，也强几丁质化。

13

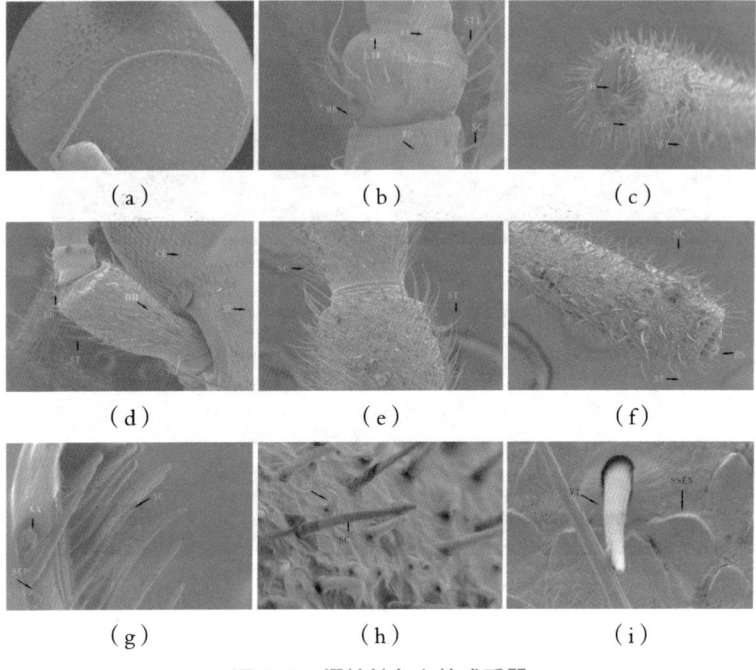

图 3-5 蠼螋触角上的感受器

（a）雌成虫丝状触角，标尺＝4 微米；（b）雌成虫鞭节水波状结构（WP），BÖhm 氏鬃毛（BB），刺形感器（SC），栓锥形感器（SS），毛形感器Ⅰ（STⅠ），毛形感器Ⅱ（STⅡ），标尺＝100 微米；（c）雌成虫鞭节顶部中空结构（H），刺形感器（SC），标尺＝100 微米；（d）雄成虫柄节基部（与复眼连接处）处的刺形感器（SC），与梗节连接处的肘状弯曲（EB），BÖhm 氏鬃毛（BB），毛形感器（ST），复眼（CE），标尺＝500 微米；（e）雄成虫鞭节刺形感器（SC），毛形感器（ST），标尺＝100 微米；（f）雄成虫鞭节顶部凸出结构（BS），刺形感器（SC），毛形感器（ST），标尺＝100 微米；（g）雌成虫鞭节的毛形感器（ST），刺形感器（SC），坛形感器（SA），腔乳头状感器（SCP），标尺＝100 微米；（h）雄成虫鞭节刺形感器（SC），芽孢感器（SG），标尺＝20 微米；（i）雄成虫刺形感器的竖纹结构（VT），鳞形感器（SSEN），标尺＝10 微米

小贴士

蠼螋触角的功能

嗅觉功能

蠼螋触角上的嗅觉器与其触角窝内的感觉神经末梢相连，能够嗅到各种气味，甚至是远距离散发出来的气味。我们经常在厨房里看到蠼螋，也能在溪岸附近看到蠼螋，它们可能就是蠼螋通过灵敏的嗅觉发现所需要的食物气味而找到这里的。这种灵敏的嗅觉不仅能帮助蠼螋寻觅食物、识别环境中各种化学信号，还能进行通讯联络，甚至同类之间求偶、交配都需要靠异性释放的气味。

触觉功能

触角上的感器能够感触物体和振动，帮助昆虫感知周围环境的变化。例如，雄性蠼螋在交配时用触角和雌性蠼螋触角互相碰触，以明确彼此位置和身体状况，来确定交配时机是否成熟。

听觉功能

在有些蠼螋中，触角还具有听觉功能。这些蠼螋在外界声音大时，可以从觅食中迅速逃跑，或终结交配活动等。

（二）胸部

蠼螋的胸部分为前胸、中胸和后胸 3 部分，各部均由背板、侧板和腹板组成（图 3-6）。

头部和胸部连接处有颈。颈近圆柱形、狭小，有皱褶，颈的外壁大部分膜质，其上着生有称为颈片的小骨片。一般前、

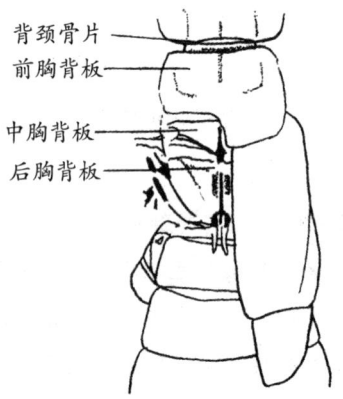

图 3-6 胸部（陈一心绘）

后颈片愈合，其后缘与前胸腹板的前缘分界，有些种类前、后颈片分离，后颈片的后缘与前胸腹板的前缘愈合。

前胸背板形状不一，有盾形、近方形、卵形、近圆形等，前缘多平截，偶有窄小者。有翅的种类，前胸背板后缘常弧曲；无翅或有翅的种类，前胸背板后缘较平截，少数种类前胸背板后缘凹，如鼠螋。前胸的前部也称为前胸沟前区，通常膨大，前胸的后部也称为沟后区，较平。前胸背板上常有纵沟、纵脊或刻点，沟前区的两侧常有刻痕。中胸背板短而宽，有翅型的种类，中胸背板常被前翅覆盖；无翅型的种类，中胸背板常呈短横片形，鼠螋类中胸背板后缘内凹，而蝠螋类的中胸背板后缘则为外曲弧形。背板两侧缘凹或波曲，以致常可见前背突与后背突，分臀肥螋亚科的种类，中胸背板两侧常有一斜隆脊，且被短鬃毛；小盾片位于背板中央，前窄后宽，其侧翼窄长，向左右伸，小盾片两侧或有沟；后胸背板宽，大于中胸背板，一些种类后胸背板极宽，外缘弧曲，不同种类后胸背板长度不一。有翅型的种类，后胸背板常较短，前缘直，后缘弧曲或平截，无翅型的种类，后缘多内凹。背板两侧缘可能

三、身材独特的小怪物

有凹陷或呈波浪形等,可见前背突与后背突,背板表面常可见纵沟或隆脊,中部或有2纵沟或脊状构造,其上有内向的刺毛,称之为覆翅连锁器,位于小盾片两侧,当前翅静止时,用于与前翅反面的刺毛簇相接搭,起到连锁前翅的作用;后胸的后背板窄,常与第1腹节的背板愈合;前胸腹板较长,两侧缘平行或中段内凹,有些种类向后渐窄,后端搭叠于中胸腹板之上;中胸腹板较宽,通常长宽相等,但各种类形状不一。例如,1983年在澳大利亚发现的黑尾巨蠼(*Titanolabis bormansi* Srivastava),这种蠼螋中胸腹板窄,形似鸡心。中胸腹板的外缘多弧曲,后缘略延伸至足基节外,平截或稍弧曲;后胸腹板长大,常大于中胸腹板,基部宽,向后渐窄,后部常呈窄叶状,延伸至足基节,延伸的程度因种类不同而异,腹板的两侧缘直或弧曲,后缘较平或波曲,但溪岸蠼螋的左右缘强向外扩展。

(三)腹部

蠼螋腹部通常较长而平扁,由背板、侧板和腹板构成。雌虫与雄虫的腹节数不一致,雄虫一般有11个腹节,雌虫通常有9个腹节。第1节的腹板通常消失,雄虫第2~9节的腹板明显可见,第9节的腹板通常远大于第10节的腹板,第1节的腹板多只在双尾铗基部现一近三角形小片状体;雌虫第2~7节的腹板明显可见,其中第7节的腹板长,完全遮盖第8、9节的腹板,第10节的腹板亦多在双尾铗基部现一小片状体。种类不同,蠼螋腹部节数也可能有差异,有些种类雄虫的腹部仅10节;而较原始的种类,雄虫具12腹节,但第11节与12节愈合。

蠼螋腹部的长度因种类不同而异,某些种类雄虫的腹部可能短于胸部；某些种类，腹部与尾铗的总长不及体长的一半；还有一些种类腹部较长，超过头、胸之和。雄虫第7、8、9节背板常较其他各节短，第10节背板称为腹末节背板或末腹背板，变化最大，一般大于其他各腹节，长度多为第9节背板的2~3倍，如一些原球蠼属的种类，其末腹背板占腹部总长1/2或1/3，而瘤蠼末腹背板长为其前5节之和；少数种类末腹背板仅比第9腹节略长，或长度相当，异蠼属、肥蠼属、鼠蠼属、蝠蠼属的末腹背板都较短；还有些种类的末腹背板较前几节窄，如慈蠼属的某些种；扁蠼属的末腹背板特异，其后部极度延伸向后至两尾铗之间，成一大叶片，有人将此突出部分称为肛突，末腹背板的总长度为其前5节之和，研究人员在1992年以此为主要特征，将扁蠼属命名为独立的一科。

蠼螋末腹背板的形状多样，背面观有近方形、长方形、宽舌形、窄条形等，前缘变化较少、多数为平直或弧曲，有些种类具齿、棘。前缘区左右侧各一长棘；背板的左右缘多平直或稍外弯，少数种类强拱曲，如耳乔球蠼左右侧延展成耳状；而大剑蠼左右侧强拱突，以致末腹节似鼓状；还有一些种类，末腹背板两侧成尖角。同种类但不同性别的蠼螋亚末腹板的形状可能有大差异。例如，黄扁蠼雄虫亚末腹板端部钝圆，雌虫则尖，后伸；蝠蠼科雄虫亚末腹板后端尖，而雌虫则后端钝圆；鼠蠼科雄虫亚末腹板前宽后窄，雌虫则近圆形。

某些种类亚末腹板前缘中部具突起物，称为中腹突，其形状和长度因种类不同而异，如肥蠼属中有的种类，中腹突很长，丝状，端部弯曲成套环状，环内为膜质；同属某些种类，中腹突极长，环端近达胸部；棘蠼属的一些种类，中腹突呈带状，弯曲成半圆形状，蝠蠼类有些种中腹突条状，折曲成"M"形。

三、身材独特的小怪物

一些蠼螋的背板稍有隆起,形成隆脊,或有沟槽、小疣、刻点,隆脊常位于双尾铗的根部,呈双丘状,少数种类隆起显著,端部尖,似尖峰状,如丝尾蠼属的一些种;有些种类背板有隆脊,常呈平直、斜行、横行或弧曲。这些特殊的形态也是分类的重要依据。某些品种的背部两侧近外缘有向后外斜的巨棘,或在腹部末几节两侧各节间有长鬃毛,肥螋科钳螋属的某些种类,腹部中后部几节两侧具刺突,许多种类腹部前几节背侧外皮的皱处具有臭腺,通常一只蠼螋有 2~4 对数目不等的臭腺,据报道,某些种类第 3、4 腹节背侧有臭腺的开口,能喷出黄褐色难闻的液体,向外喷射可达 76~102 毫米,这种特殊气味的液体可以用来驱敌。腹部的侧板膜质,其上有气门的开口,气门通常有 8 对。某些较原始的类群,如大尾螋属、棘螋属、锤腹螋属等,雌虫第 8、9 腹节的腹板具后伸的突起物,称为生殖突,长者能伸出亚末腹板后缘之外,有线形、长条形等。

后缘区变化最丰富,后缘除平直或弧曲外,还有外角斜截、中部内凹,或整个后缘呈波浪形、锯齿形等。张球螋属、异螋属、垂缘螋属、乔球螋属等,后缘多平直或中部微凹;球螋属后缘多呈锯齿形;肥螋属一些种,左右各 1 外斜齿或向后的齿;异螋,末腹背板短宽,后缘增厚且稍向上弯;新疆产山球螋后缘有 2 巨棘向后伸;瘤螋末腹背板中部有较深的纵沟,后部大波曲,背方另有 2 大圆隆丘,其端部之间有 1 圆隆丘,此外,末腹背板密布刻点。同一种类,两性的末腹背板状况可能不同,如扁螋属的一些种类,雄虫末腹背板的延伸部分较宽,似舌状,雌虫末腹背板延伸部分的基部凹缩明显,其后两侧缘内斜,端部较尖。

在昆虫学中,有时将第 11 腹节称为臀节,也可理解为一种尾节,第 11 腹节背板称为臀板,也叫肛上板,几丁质化,位于两尾铗之间，通常仅部分暴露于腹末或不可见，如大尾螽科的许多种，臀板被覆于第10节背板下。臀板之后还有肛上板次节，但不是所有螽蟖都有该部分结构。臀板、肛上板次节或称后臀板和尾节3部分合称为肛上板节，有人称之为后生殖节，也有人认为它们代表第11、12、13腹节。肛上板节整体为一几丁质片，自第10腹节后伸至肛门之上。有些种尾节不强几丁质化，与肛上板次节愈合成一体，以致肛上板节仅含2节，即臀板与肛上板次节。有些种更为特殊，可能出现臀板与肛上板次节完全愈合或后臀板与尾节常退化的情况。

臀板的形状多样，有长条形、近三角形、方形、舌形、戟形、二叉形、凹槽形、弹头形、扁片形、梯形、羊角形等，基部可能有齿形或棘形突起，两侧可能有鬃毛。有些种臀板窄长，其长度可为尾铗之半。许多种的雄虫的臀板比雌虫的臀板大，而且形状有较多变化，例如，蝠螽属的某些种，雄虫臀板长，端部似花苞形，雌虫臀板仅一梯形小片；棘螽科的许多种，雌虫臀板仅为一帽形或三角形小片，雄虫臀板更大且面上有颗粒状点刻或皱纹。

肛上板节的形状，决定于臀板，肛上板次节和尾节的形状和组合，因此，不同种类的肛上板节形状可有很大差异，有柱形、树桩形、铃形、杯形等，例如，溪岸螽蟖臀板为长三角形，肛上板次节短小，尾节呈短桩状，以致整个肛上板节形似深杯状；带盔螽臀板基部窄，端部宽，肛上板次节长，尾节圆，形成灯柱形的肛上板节；藏单突丝尾螽臀板后部宽，近半圆形，肛上板次节和尾节呈窄柱形，因此肛上板节形似蜡烛台；棘螽属的一些种，雄虫臀板宽大，尾节呈盖状，遮住肛上板次节，使整个肛上板节呈座钟状；客盔螽臀板小而中凹，肛上板节似长瓶状；雅各布森异蜥尾节最宽，臀板向后渐窄，以致肛上板节似陀螺形。

（四）翅

飞行可能是最令人向往的超能力之一，但没有多少人会想到不起眼的蠼螋具有令人难以置信的翅。它们的钳子很大，在美国通常被称为"钳虫"，你会发现它们经常在黑暗、潮湿的地方爬行而非飞行，然而它们确实拥有昆虫王国中令人印象深刻的翅膀（图3-7）。

图3-7 蠼螋的翅（Jakob Faber 摄）

常见的蠼螋并不一定拥有翅膀，如果有翅，第1对坚硬而短，第2对发达呈膜状，通常尖端突出。有些种类只具第1对翅而无第2对翅，也有一些种可能同时有具翅、无翅、短翅3个类型，如小肥螋属下的一些种。

第1对翅膀称为前翅，前翅翅基与身体结合部呈黄褐色，两侧呈黑褐色，直而无翅脉，亦称为覆翅，为皮革质地，十分结实，很少用于飞行，主要起到保护和保温作用。第2对翅称为后翅，后翅翅展多为黄褐色，也有橙褐色、红褐色、深褐色和黑色，有时是这些颜色的组合。例如，在日本发现一种蠼螋，其中文名称为驼背蠼螋，它的翅膀闪闪发光，看起来有多种颜色。后翅可以快速展开或折叠。静止状态下，后翅在覆翅下呈扇形折叠,当需要飞行时,后翅会弹起,膨胀到折叠时尺寸十倍以上,飞行过程中展开的后翅会保持锁定的位置。对于螳螂来说,翅从打开状态到关闭状态,几乎不使用肌肉,而是在折叠结构内进行预编程,类似于折纸工艺中的机关,但更复杂精妙。它们翅的折叠方式是针对飞行强度和灵活性进行优化的自然折叠结构典型示例。尽管昆虫翅的尺寸相对较大,但它们仅在翅与身体相连的地方含有活跃的肌肉。但这并不会影响翅支撑昆虫重量和保持其飞行稳定性的能力。

　　折扇一样的后翅又分为较为坚硬的前缘和更灵活的后缘。前缘为后翅基部到翼尖提供了一定的刚度,这种强大的前缘有助于它承受空气动力载荷。后缘的质地相对柔软,具有一定的韧性和弹性。前缘和后缘之间由柔软且有弹性的膜质结构相连,这部分膜质与构成整个后翅的膜质是连续的,使得后翅能形成一个完整的扇形或略圆形结构,还能使翅从稳定的折叠状态快速转变为稳定的打开状态,保证翅的正常功能。折叠时,这部分膜质结构呈凸凹折叠的形状,而在打开状态下,它变成凹金字塔,锁定到位以便飞行并赋予张开的翅足够稳定。整个翅在中间稍微弯曲,使其能够比完全平坦的情况承受更高的弯曲力。这种灵活机翼的强度还归因于翅上有大量关节,这些关节影响昆虫翅的折叠线[1]和屈曲线[2],对昆虫翅的折叠、展开和飞行等功能起着关键作用。关节有两种形式:不对称关节和对称关节,不对称关节为翅提供旋转弹簧,而对称关节则允许翅有更大的

---

[1] 折叠线:昆虫翅在折叠时形成的折线,沿着这些线翅可以进行有规律的折叠,以减小翅在不飞行时的占用空间。

[2] 屈曲线:是昆虫翅在运动过程中,尤其是在飞行时翅发生弯曲的线条,主要体现了翅在受力和运动时的形态变化。

延展。此外,研究发现这些关节中存在节肢弹性蛋白,节肢弹性蛋白与几丁质等结构蛋白相互作用,可以形成一种复合结构,既增强了翅的强度和硬度,又赋予了其良好的弹性和柔韧性(图3-8)。

图3-8 完全展开的蠼螋翅(Fumihiko Hirai 摄)

现实生活中,在许多工程应用中都需要将结构折叠成紧凑形状的技术。蠼螋的翅形给人类以启发,蠼螋有潜力彻底改变人类设计,它可以缓慢飞行,以较低的速度移动,并且在空中具有很高的机动性,证明了精致、轻质的材料可以在具有令人难以置信的强度的同时仍然具有灵活性。蠼螋的翅还进化出了一种非凡的结构,可以同时支持折叠过程和飞行,所有这些都由结构本身储存的能量被动控制。使用蠼螋翅折叠机制可以激发和改进人类对一系列材料的设计,从自塌陷地图和帐篷等日常物品,到用于太空探索星球探索设备,它确实可以让一个全新的世界"打开"。

以美国普渡大学机械工程助理教授阿列塔为首的研究人员最近在《科学》杂志上发表了一篇关于革翅目昆虫翅膀是如何工作的论文。当团队试图使用折纸式折叠的传统理解对昆虫翅的展开机制进行建模时，发现翅根本不像典型的熟知材料（如纸）那样在单个折痕处折叠。相反，阿列塔的团队发现翅是通过拥有弹簧状的褶皱来工作的，这种褶皱有两种稳定的构型，且可以在两个不同的方位之间稳定地切换。德国杜伊斯堡－埃森大学的研究员朱莉娅·戴特斯最近与他人合著了一篇关于蠼螋翅稳定机制研究的论文。她说，翅也是由弯曲的褶皱来稳定的，而不是直的褶皱。翅中的这些机械力以一种特殊方式排列，使翅在完全打开或折叠时都能锁定。

(五) 足

蠼螋有3对足，分前足、中足和后足，通常较短或中长，但垫跗螋亚科、长铗螋亚科的种类足细长。各对足的长度不一，通常后足最长，中足次之，前足最短，各足皆分基节、转节、腿节、胫节、跗节及爪。

基节较宽，中有一陷窝以容纳转节的基部；转节小，圆筒形，游离于基节，附着于腿节上；腿节长，较粗，形状多样，有圆柱形、扁平或侧扁，常有凹陷或隆起，如鼠螋属腿节极宽大，乔球螋属腿节粗厚，大尾螋科的腿节极平扁，并有小隆脊，长铗螋亚科的某些种类，腿节细长。棘螋科的某些种类，腿节腹面有深凹沟；胫节较腿节略细，微弯而平扁，可能有凹陷或沟，端部上缘较平，外侧常具短刺，鼠螋类胫节宽肥，垫跗螋科某些种类胫节有明显的沟；跗节3节，一些古老种类的化石可见5节，通常较胫节细，常具细毛或鬃毛，各节长度因种类不同而异，第2节通常较短，呈抹刀形，第3节亦短，长度约为第1跗节之半，且多为圆柱形，端部有1对爪，两爪之间常有爪垫。

跗节形状多样，姬螋属的一些种类，第2跗节极小；分臀肥蠼亚科的某些种类，第2跗节很长；球蠼科某些种类的第2跗节宽，膨大成心叶形；虹苔蠼属的某些种类，第2跗节宽大于长，每边各1叶突；球蠼科的一些种类，第2跗节端部膨大，中部成陷窝以容纳第3跗节。此外，有些种类第2跗节呈铲状或窄叶状；扁蠼科的一些种类第2跗节延伸至第3跗节的下方，某些种类第3跗节长于第1跗节；垫跗蠼科的某些种类第3跗节短而宽；扁蠼属的鼠蠼属跗节很短，第1、2跗节端部向外后突，第1跗节呈三角形，第2跗节呈舌形，第1节基部窄，与宽大的胫节反差明显，有的在第1、2跗节内侧有巨齿；毛苔蠼属的一些种类第1跗节内侧有长刺。

（六）尾须

蠼螋的尾须呈钳状，也称为尾铗，无产卵器。尾铗也是其种类的标志，很少有其他昆虫能像蠼螋那样，有一副吓人的钳子。同时是也是性别的标志，就像大象的象牙一样（图3-9）。室内饲养多代发现，同龄期的蠼螋，雄性的尾铗又长又弯，一般比雌性大，也更强劲有力，有时被用于雄虫之间的斗争，而雌性的钳子更短更直，如黄褐螺蠼的成虫，其雄虫腹部由基部至末端逐节增大，深黄褐色，尾铗左右远离，尖端黑褐色。而

图3-9 蠼螋的尾铗

雌虫腹部尾端较狭,尾铗左右距离近,细长,左右同形,内缘有微齿列。此外,雄虫尾铗内缘中央各有一短棘,而雌虫没有。它们的尾铗还有助于展开翅膀。

尽管蠼螋腹部末端的钳子看起来相当可怕,但这其实是钳状的附肢,没有毒,日常可以作为防卫武器使用,能够夹东西,抵御蟾蜍和鸟类等敌人,或者用来捕捉猎物,但其夹力并不是特别强。受惊时偶会上举示威(图3-10),但基本上是虚张声势,一旦碰到强敌,常采用装死的办法来躲避伤害。

图3-10　蠼螋可以通过卷腹上举尾铗

四、蠼螋的"七大姑八大姨"

蠼螋是革翅目昆虫的总称,种类繁多。其中球螋科种类最多,分布最广,全国各地区都有分布;蠼螋科虽种类不多,但分布甚广,除青海、台湾没有记录外,遍布其余各省市区;肥螋科也比较广泛,涉及20个省市区;大尾螋科和丝尾螋科分布于半数省市区,主要在黄河流域以南;其余科分布较为狭窄,基本局限在长江流域以南。下列是一些日常生活中较为常见的蠼螋种类。

(一)缘殖肥螋

缘殖肥螋(*Gonolabis marginalis*),肥螋科,殖肥螋属(图4-1)。体长16~21毫米,体型较大,呈黑褐色具光泽。唇基前

图4-1 缘殖肥螋

部呈褐红色，触角端部4节、足的大部分（腿节、胫节的基部除外）呈浅黄色或褐黄色，尾铗呈褐红色。

雄虫头部稍呈长三角形，后外角圆，后缘直弧形，额部圆隆，前缝明显，中缝稍显；复眼突出，相对较小，面颊较短，稍长于复眼；触角15~17节，基节长大，第2节长短于宽，第3节短于4、5节之和，第4节和第5节等长，其余各节逐节稍增长。前胸背板接近正方形，后部较宽，后角稍圆，背面前部稍圆隆，中沟明显，两侧有压迹。前、后翅均缺失。腹部狭长，两侧稍呈弧形，遍布小刻点，第3、4节背面两侧具瘤凸，第6~9节的侧后角为尖角形，具纵脊和粗糙刻点；末腹背板短宽，两侧接近平行，后缘中部截形（类似被截断的形态）；亚末腹板短宽，后较圆，后缘弧凹形，密布横向刻点和皱纹。尾铗不对称，基部较宽，三棱形，后部圆锥形，末端向内侧弯曲，内缘弧形，具小钝齿。足稍细长，胫节接近端部和跗节被黄色短茸毛，跗节的第1节较长，等于第2、3节之和，第2节最短，爪稍弯曲。外生殖器椭圆形，阳茎基侧突较宽，后部中央深凹，阳茎叶可见端刺。

雌虫与雄虫相似，但腹部两侧边缘较圆；末腹背板后部较窄；亚末腹板后缘窄弧形。尾铗对称，向后直伸，两支内缘接近，末端较尖，向上微翘。

缘殖肥螋分布于日本、朝鲜、印度尼西亚等地。在我国主要分布于江苏、福建、广西、四川、云南。

（二）溪岸蠼螋

溪岸蠼螋（*Labidura riparia*），蠼螋科，蠼螋属（图4-2）。体型长大，体长在12~24毫米。

雄性尾铗长7~10毫米，呈褐黄色，触角呈浅黄色，鞘翅

四、蠼螋的"七大姑八大姨"

图4-2 溪岸蠼螋

呈褐色,腹面颜色较浅,通常呈褐红色。头部宽大,头缝明显;复眼小,短于眼后距;触角细长,有28节,基节短于触角基间距。前胸背板宽窄于长,前缘横直,两侧平行,后缘圆弧形,背面前部稍圆隆,中央纵沟可见。鞘翅长于前胸背板,两侧具全长纵侧脊,后缘稍向内后方斜,背面较平,遍布颗粒状皱纹。腹部长大,由第1节向后逐节变宽,4~8节背片后缘排列小瘤凸,末腹背板短宽,两侧平行,后缘中部平截,背面两侧各有瘤凸,亚末腹板近梯形,后缘中央微凹。尾铗短于腹部,基部分开较宽,向后平伸,基部较粗,三棱形,向后变细,末端向内侧稍弯,内缘中部各有1~2个小瘤突。外生殖器长大,阳茎基侧突外缘较直。

雌虫与雄虫相似,但尾铗相对直而尖,长5~6毫米。足正常。

溪岸蠼螋在亚洲、欧洲、美洲及非洲北部多个国家都有分布。在我国主要分布在黑龙江、吉林、辽宁、宁夏、甘肃、河北、山西、陕西、山东、河南、江苏、湖北、湖南、江西、四川等地。

小贴士

溪岸蠼螋

溪岸蠼螋是黄淮海地区的优势种群，除了具有革翅目昆虫共有的特征外，还有以下特殊的特征。

①卵通常呈椭圆形或圆形，颜色为白色、浅黄色或浅红色，有光泽，半透明或有小斑点。各种类的卵大小不一，小的约0.5毫米，大的可达3毫米。卵表面有圆孔和隆脊。

②若虫幼期的形态与成虫相似，只是体型较小，无翅，尾须细弱，丝状，相对较长。有些种类，如卡西螋亚科、丝尾螋亚科等的一些种类，幼龄若虫尾须分节，足的第1、2节愈合，无爪垫；腹侧的腺体不发达，仅在若虫后期才出现；幼龄若虫触角节少，以后逐龄增多，如图4-3所示。

图4-3 溪岸蠼螋各虫态的形态学特征

（三）垂缘蝮

垂缘蝮（*Eudohrnia metallica*），球蝮科，垂缘蝮属（图4-4）。体型长大，体表呈暗褐色，微泛绿色，具强烈金属光泽，头部呈暗红色，前胸背板、后翅翅柄和腹部呈沥青色。

图 4-4　垂缘蝮

雄性头部宽大，头缝较深，中缝两侧的前部各有 1 小圆坑；复眼突出，约为面颊长的 1/2；触角较粗，分 12 节，基节较粗，背面平，腹面半圆形，两侧呈脊形，第 2 节长宽几乎相等，第 3 节较短，和第 2 节几乎等长，第 4 节稍长于第 3 节，但较粗，第 5 节约为第 4 节长的 1.5 倍，其余各节较长大。前胸背板稍短宽，接近矩形，两侧平行，后缘弧形，背面前部圆隆，中央沟较深，两侧各有 1 小坑，后部平，刻点和皱纹较明显。鞘翅发达，其长约为前胸背板长的 2 倍，肩部侧隆突出，两侧平行，后缘较横直，背面密布网状深刻点；后翅翅柄较短小，约为前翅长的 1/3，内侧端角尖，黄色。腹部长大，两侧向后稍扩展，遍布刻点和皱纹，第 3～4 节背面两侧各有 1 个小瘤凸；末腹背板短宽，接近矩形，接近后缘两侧各有1个隆凸；后缘中央呈弧凹形；亚末腹板长小于宽，后缘圆弧形，表面散布刻点和皱纹。臀板短宽，后缘两侧各有1刺突。尾铗细长，中部之前呈三棱形，其后呈圆柱形，顶端尖，向内侧弯，两支常呈交叉形，内缘具小刺突，中部1个较大。足发达。阳茎基侧突长大，阳茎端刺细长。

雌虫和雄虫很近似，腹部两侧呈弧形，末腹背板基部较宽，臀板小，后缘圆弧形，尾铗较短，向后直伸，仅端部向内侧弯，两支交叉。

垂缘蠼在我国主要分布于湖北、湖南、福建、浙江、广东、广西、海南、四川、云南、西藏。在越南、尼泊尔、缅甸、印度等国家也有分布。

五、注意！它们可不是蠼螋

（一）隐翅虫

蠼螋的形似物种中最为常见的就是臭名昭著的隐翅虫，隐翅虫属鞘翅目昆虫，前翅鞘翅，长度较短，后翅通常折叠隐藏在鞘翅下，这点与蠼螋十分相似。不过蠼螋的前翅为革翅，隐翅虫则为鞘翅，蠼螋有翅但大多数品种不善飞行，与蠼螋相比隐翅虫的飞行技术要好很多。隐翅虫的头部与蠼螋也极为相似，都呈三角形，扁而宽，咀嚼式口器。

区分蠼螋和隐翅虫也很简单，首先二者的体型差异较大，隐翅虫体型较小，通常不会超过5毫米，蠼螋成虫一般在1厘米以上；其次隐翅虫一般颜色鲜艳，胸部和腹部前半部分呈红褐色，蠼螋多为黑色、棕褐色；最后蠼螋腹部末端有一对高度几丁质化的尾铗，用于捕食猎物、恐吓敌人和交配等，隐翅虫腹部末端没有尾铗（图5-1、图5-2）。

两种昆虫对我们身体的潜在威胁也大相径庭，蠼螋一般不会咬人，也不存在毒性，对人基本没有危害。但隐翅虫却恰恰相反，号称"飞行的硫酸"，体内含有强酸性毒素，其酸性不亚于硫酸，一旦皮肤接触到隐翅虫分泌的毒素后，会导致皮肤炎症及出现烧伤，危害极大，因此当发现隐翅虫不小心落在皮肤上时，一定不能用力去拍打，可用嘴吹走，或用手轻轻弹出,并及时使用肥皂水清洗皮肤接触部位,以防发生炎症。

图 5-1　隐翅虫

图 5-2　缘殖肥螋

(二) 步甲

某些种类的步甲幼虫与蠼螋也有几分相似,且生活环境相似,都喜欢生活在阴暗潮湿的杂草或土堆中,如中华金星步甲(图 5-3),属鞘翅目,肉食甲亚目,体表黑色,与蠼螋体表颜色接近,且与蠼螋生活习性极为相似,常躲避在石缝、杂木等较

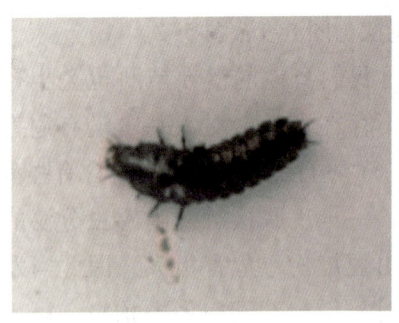

图 5-3　中华金星步甲

五、注意！它们可不是蝼蛄

为隐蔽的地方，夜间外出觅食，幼虫同蝼蛄一样有假死性，受到惊扰时，会像蝼蛄一样举起尾部，摆出招架之势，抵御危险。但是步甲幼虫与蝼蛄又有易于区分的明显特点，如步甲腹部末端没有特别的尾铗，凭借这一点很容易区分，此外步甲的幼虫体型相对蝼蛄的体型更大，且没有纤长的触角，凭借这一点也容易区分二者。

（三）龙虱

龙虱，一种生活在水中的昆虫，幼虫与蝼蛄也较为相似，是鞘翅目龙虱科的昆虫，因其具一对钳形大颚，似蜈蚣的毒螯，故俗称为"水夹子"。体型较长，接近圆柱形，头部多呈近圆形，两侧各有黑色单眼6个，触角4节，躯干11节，前3节两侧有毛，与蝼蛄幼虫形态特征较为相似。虫体末端具有2条尾叉，与蝼蛄尾铗极为相同，幼虫最初呈灰白色，之后蜕皮体色转淡，成长的幼体约3厘米长，一般长于蝼蛄（图5-4）。龙虱幼虫与蝼蛄都有自相残杀的凶残习性，但蝼蛄一般只在食物缺乏的情况下才会同类相残，而龙虱则同类残食现象更为严重。

图5-4　中国龙虱1龄幼虫

二者都喜欢阴暗潮湿的环境，但栖息场所截然相反，一个生活在陆地一个生活在水中，凭这点很容易区分。

（四）蚖

还有一种与蠼螋十分相似的昆虫——蚖，这类昆虫中一些雌性也具有保护卵和幼虫的习性，但是较为罕见。蚖是双尾纲动物的简称，尾部有一对尾须或尾铗，缺眼无翅，多为细长的小型昆虫，喜欢生活在隐蔽潮湿的落叶堆或土壤中，取食植物、腐殖质、菌类或者捕食小动物，在我国主要分布在四川，是国家二级保护动物，根据尾部形状及结构的差异，将双尾纲分为三大类：具有一对长形多节尾须的康蚖总科；具有一对几丁质化单节尾铗的铗蚖总科以及具有一对圆筒形分节尾须的原铗蚖总科。康蚖体长1.9~4.7毫米，小型的康蚖与蠼螋初孵若虫外形十分相似，但是康蚖无复眼和单眼，蠼螋初孵若虫有很明显的复眼，且孵化一段时间后体色逐渐加深变为淡褐色（图5-5、图5-6）。铗蚖总科的尾须为几丁质化的尾铗，可用于捕食猎物以及防御，这类蚖与蠼螋成虫外形相似，通过观察头部可区分

图5-5　刚蜕皮的溪岸蠼螋2龄若虫

二者，铗虮头部呈梯形，黄色，无单眼及复眼。

图5-6　刚蜕皮的溪岸蟷螋1龄若虫

整体而言蟷螋和虮虽然都为昆虫，但是二者属于不同的目，虮为双尾目、铗科。二者外观特征有很多地方相似，但是虮虫体细长扁平，多为白色。体表被刚毛，有些种类体表有鳞片。触角念珠状、多节，第3~6节上有感觉器，位于触角端节窝中。头缝完整似"Y"形，下唇须单节，胸气门3对；腹部各节无气门，腹部第1节腹片的刺突由肌肉组成，呈圆形；尾须细长。

二者都在国内广泛分布，多生活在腐殖质较好的土壤表层以及腐烂的树叶层中，有时也可见于腐烂的木料内，在一些洞穴中也有其踪迹。

六、蠼螋平凡的小日子

(一)蠼螋的一生

蠼螋为不完全变态,顾名思义,不完全变态昆虫的幼虫和成虫形态相似。蠼螋的一生要经过卵、若虫和成虫3个虫态(图6-1),在田间是1年发生1代,科学家们通过试验缩短其发育世代,使其繁殖得更快,目前室内饲养可以达到74天发生1个世代,就是说1年中可以繁衍5代,这便于将蠼螋更好地用于田间控制农田害虫。

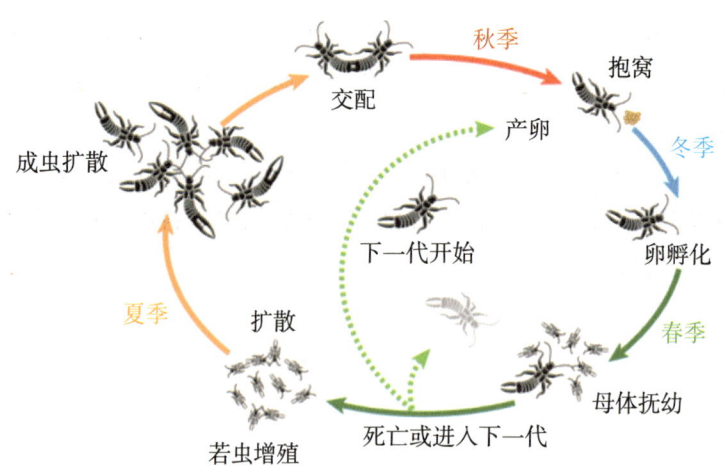

图6-1 蠼螋的一生(根据Meunier J所绘画的图改编)

六、蠼螋平凡的小日子

将羽化后的雌雄蠼螋成虫配对饲养,可以发现雌性蠼螋产卵成堆出现,被雌成虫像母鸡抱窝一样抱孵于体下经历7天左右孵化,孵化时,雌虫不时用其口器将卵翻动。初孵卵椭圆形,淡黄色,长1.54毫米,宽0.9毫米,随着生长发育,卵逐渐膨大为肾形。6天后卵的颜色变为半透明的黄白色,并且可以观察到卵壳上有2个黑色点状物,这就是眼点,将来会发育成蠼螋的眼睛,还可观察到红色的丝状物,在蠼螋出壳后发育成为若虫淡红棕色的触角。

根据生物学家查尔斯·德·吉尔的报告"六月初,我在一块石头下发现了一只雌性蠼螋,旁边有几只小昆虫,我立刻认出它们是蠼螋若虫,而它正是这些若虫的母亲。它们一直待在它身边,从未离开过它,还经常像小鸡一样蹲在它的腹部。"与此同时,众多深入研究逐步揭开了蠼螋社会生活那丰富多彩的神秘面纱。大批进化生物学家始终执着于探究那个在生物学领域长期悬而未决的难题:为何部分动物倾向于离群独自闯荡,而另一些动物却热衷于群居抱团取暖?回顾过去的几个世纪,研究人员为了破解这一谜题,大多选取了真社会性昆虫,诸如蚂蚁、白蚁、蜜蜂、黄蜂以及蓟马之类,将它们作为重点研究对象,深度剖析其生物学特性。而现在我们可以通过研究蠼螋,为阐释昆虫界社会形式所呈现出的多样性、所具备的独特功能、所历经的漫长进化历程以及所达成的卓越生态成就,提供了至关重要的线索与信息。

蠼螋的寿命因物种和环境条件而异。环境条件又主要包括食物可获得性、温度和湿度等因素。在野外,革翅目平均存活时间为1~2年。然而,有些物种在最适条件下可以存活长达5年之久。

(二)寒冷的冬天蝼蛄去哪了

在中国广袤无垠的农田区域,当凛冽的寒风呼啸而至,银装素裹的大地仿佛被大自然按下了"静音键",平日里常见的蝼蛄悄然隐匿了踪迹。皑皑白雪覆盖之下,不见它们穿梭忙碌的身影,这不禁让人好奇:在这冰天雪地的漫长季节里,蝼蛄究竟如何捱过严寒的考验呢?它们究竟藏身于何处,才得以避开这刺骨的风雪,静候春回大地的那一天?

温度是昆虫能否顺利完成越冬最主要的因素,低温对蝼蛄的存活率有很大的负面影响。冬季温度降低,我国北方地区温度更是降到0℃以下,而蝼蛄适应生存的温度在20~30℃,为了躲避低温的致命影响,蝼蛄全都钻入土层或者避风避寒的墙面和缝隙中,减少一系列代谢活动,减少能量的消耗。研究发现,通常超过5厘米的土层深度就可使蝼蛄安全度过严寒的冬季。

春回大地,万物复苏,蛰伏在地下大约5厘米左右深的蝼蛄也感受到了春天的气息,在温度大于10℃以上时,3~5龄的蝼蛄才愿意离开自己地下的温柔乡破土而出,出土后的蝼蛄不停地快速奔跑,抖动着触角找能吃的东西。尽管长期在地下生活,皮革质地的外套上却是干干净净,很少见到身上粘着污渍(图6-2)。小蝼蛄们喜欢在枯枝落叶下或者土壤根系地表连接处活动,寻找各种机会捕食在地面上和植株上的各种害虫,其自我保护能力超强,不到万不得已,极少暴露自己。

六、蠼螋平凡的小日子

图 6-2　经过冬天洗礼出土的蠼螋

（三）虫界护幼第一名的妈妈

蠼螋有着独特的繁殖方式，这是一种原始的繁殖方式。雌性蠼螋会在挖好的地下隧道里产下闪亮的卵（图 6-3），这些卵受到母亲的悉心照顾和保护，免受捕食者的袭击，大约在一周内孵化。雌性蠼螋以多种方式照顾卵，清理污渍和湿度大时滋生的螨虫、使用抗真菌分泌物涂抹卵，必要时还会带着卵迁移到安全的地方。在哺育卵的过程中，巢通常是密封的，雌性不会外出觅食，即使是人工饲养对其提供食物，也有可能出现拒绝进食的现象。

尽管蠼螋妈妈一旦频繁受惊或遭遇恶劣环境条件时，会将自产的卵搬迁到自认为安全的地方，甚至亲自吃掉自己产下的卵或者若虫，但饲养中观察发现，这些吃掉自己孩子的"空巢"妈妈有时会"觉得寂寞"，从而"母爱大爆发"，会跑去邻居家的巢穴将别人的孩子当自己的孩子养，也有时候会充当"蠼螋贩子"把别的卵搬运回到自己巢里饲养长大。

在所有昆虫中，最让人感动的行为之一就是雌蠼螋展现出的母性本能行为。雌蠼螋会在产卵后一直守护在卵块旁,极力保护它的后代(图6-4)。卵孵化后,母体继续对若虫进行保护,直到若虫能够完全独立生活。这在昆虫世界中几乎是前所未闻的。

图6-3 雌性蠼螋在地下隧道里产卵

图6-4 抱窝

蠼螋会经历简单的变态过程。初孵出的若虫是白色到淡绿色的(图6-5),若虫孵出后(图6-6),母亲将为1龄若虫觅食,直到2龄若虫,之后若虫可以通过反刍来补充营养,也能够自己找到食物并且照顾自己。多数情况下,无雌虫孵育的卵孵化率较低,甚至不能完成一个正常的世代。蠼螋若虫在长到成年大小之前会蜕皮5次,而妈妈会一直陪伴她的若虫直到它们第1次蜕皮。蜕皮是它们脱下外骨骼来容纳成长中身体的过程。每个蜕皮都使它们更接近成熟,并且随着每个阶段,它们变得更加独立,有能力独自生活(图6-7至图6-9)。

六、蠼螋平凡的小日子

图 6-5　雌性蠼螋在孵化若虫

图 6-6　卵孵化为若虫

图 6-7　脱离抱窝母体的 2 龄若虫

图 6-8　离开妈妈后又长大一岁，逐步自立门户

图 6-9　蜕皮代表着长大一岁

（四）神奇的信号

蠼螋若虫看起来是成年蠼螋的缩小版（图6-10），在蜕了5次皮之后，大约10周时间，它们就成年了。在许多动物类群中，很多后代表达复杂而明显的向母亲乞食的行为，蠼螋也不例外。化学分析表明，雌虫散发出8种化学物质（α-蒎烯、莰烯、β-蒎烯、β-月子烯、d-柠檬烯、β-茶树烯、萜烯和一种未知化合物）的混合物，其定量组成可靠地反映了后代的营养状况。然而，是否所有8种化合物都是触发母体反应所必需的仍然未知。蠼螋求偶的信息素也已被证明会影响母亲的食物分配。在这里，气味似乎是指示的信号，而不是需求的信号，因为接触到来自营养充足若虫的化学物质信号的母亲比接触到来自营养不良若虫的化学物质信号的母亲觅食更多，并将食物分配给它们的子女。目前在其他亚社会性昆虫物种中没有充分的证据表明它们可以根据化学物质直接区分近亲和非近亲后代。然而，蠼螋母亲可以根据巢穴基质的个体化学标记区分自己的育雏室和外来巢穴。

图6-10 蠼螋若虫

六、蠼螋平凡的小日子

一旦蠼螋长到成年期,就做好了繁殖和延续生命周期的准备。成年蠼螋参加求偶仪式,包括精心设计的向异性展示自己美好外形的行为和信息素交流。交配前通常会先求偶,使用触角、口器等部位互相接触。交配时通常是雌、雄虫转动腹部,使腹面相互接触,尾铗对尾铗地进行,雌、雄虫呈"一"字形或者"八"字形。多数雄性蠼螋在求偶时会使用尾铗,在交配过程中,还会使用它们公认的惊人的钳子来相互拥抱。雌性蠼螋在选择交配对象时,会选择尾铗最大的雄性蠼螋(图6-11)。交配完毕后,雄性蠼螋便会毫不留情地离去,不会有任何照顾后代的行为,可谓是妥妥的"负心汉"。

图6-11 交配中的蠼螋

从20世纪70年代到21世纪初,蠼螋繁殖和抚幼的内分泌学受到了相当大的关注,目前很少有人深入研究,在这方面仍有大量空白。由于保幼激素可作为促性腺激素,在繁殖之前,雌性体内的保幼激素会增加,但补充保幼激素可能会导致照抚幼虫的行为提前终止。也有研究发现保幼激素可能不是造成终止抚幼行为的直接原因,因为在去掉卵巢的雌性蠼螋中,高保幼激素浓度与抚幼行为并不矛盾。

小贴士

抱团取暖

我们日常生活中见到的大多昆虫都是"独行侠",但有时也能看到成群结队的昆虫,如蚂蚁和蜜蜂等昆虫,通常都是聚集在一起,我们将此类昆虫称为群居昆虫。

大多数革翅目昆虫都是独居的,聚集在一起只是为了交配。然而,一些雌性物种表现出一定程度的社会行为,雌体照料卵和幼体。相比"单枪匹马"的闯荡,集体合作能增强它们对外敌的防御能力,降低死亡的风险,同时群居活动能大大提高筑巢或者获得食物的效率。

蠷螋之间的交流并不清楚,但人们认为它们使用信息素进行交流,并利用它们的触角和尾铗接触配合完成交流。蠷螋实现了从孤独生活到社会生活的进化转变,实验表明,蠷螋兄弟姐妹之间存在相互帮助,反映了蠷螋家族的合作行为。这使蠷螋具有更高的孵化存活率,能更有效地获取食物。

(五)蠷螋的"战斗"风采

革翅目昆虫同类之间的争斗,多在两个雄性成虫之间进行,争斗的时间不长,也很少造成伤害。雌虫间的争斗表现,多为防御性质,尤其在孵仔期间,若遇到外来骚扰,常有御敌动作。蠷螋间通常没有激烈的争斗,"战斗"时双方只将腹部扭曲,腹后部摇摆,或将口器触及对方身体某一部位。例如,蝠螋属的争斗即常以摇摆腹部的方式展开。

Bricene曾详细记载过几种革翅目昆虫的争斗情形。较激烈

六、蠼螋平凡的小日子

的争斗，主要表现为相遇后，一方扭转腹部若干角度，以尾铗进攻对手。争斗过程中，常出现以腹部后端敲击、推挤对方，或以尾铗夹持、拖拽或提起对方的腹后部，甚至造成对手身体倒立的状态。激烈争斗时，双方可能均呈倒立状。有时一方将另一方夹持并举起，然后抛出相当远的距离。

"战斗"时，蠼螋对尾铗的使用程度不一，有的只是用尾铗端部触及对方，有的则会用尾铗强刺插对方，以致尾铗的基部已触及对方。若尾铗大张，可将对方身体按定于一处，难以动弹。尾铗还常用于夹持对方的头部、胸部。

争斗的姿态多样，例如，一方扭腹180°，双方尾铗相对，头部朝不同的方向；或一方扭腹90°或45°，尾铗横向或斜向对方腹部一侧；有时甚至一方身体跨越另一方腹背，成十字交叉。

除尾铗外，触角、口器、足、臀板及腹部也常用作争斗工具。触角常首先使用，触及对方后，身体随之转动；腹部的运用多表现为摇摆、推搡、敲击或摩擦对方；臀板伸出，用以与对方臀板相抵，或帮助尾铗夹持对方；口器则直接用于啮咬对方的身体，包括触角、头部、足等部位。

战斗结束后，胜利一方有时会拖拽失败一方前行一小段距离。Burr报道，蝠螋争斗后，胜者可能还会吃掉败者身体。

蠼螋与非革翅目昆虫等的争斗，其动作方式基本上与同类争斗相似。攻击敌人时，常将前身立定于地面，腹部扭曲，腹端及尾铗向后，对准敌方，然后用尾铗突袭，夹持对方，动作迅猛。若敌方为可食的对象，即使敌方在不断挣扎，攻者仍不放弃，并找机会立即取食。

抵御入侵者时，蠼螋常先摆动触角，触及对方，若此举拒敌无效，便将尾铗堵住穴口，或举起尾铗示威。孵卵或护仔期

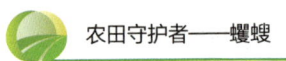

的雌虫，能与入侵者展开激烈的打斗。

对于人类的偶尔干扰，有时螳螂亦可表现出敌对的态度。人们在捕捉螳螂时，常因触犯其身体而被其尾铗所伤害，甚至出血。

小贴士

被误读的"亲密"行为

雄性螳螂之间并不总是在斗争，据报道，某些革翅目昆虫，如属于球螋科的假螳螂，其雄性成虫存在同性之间的类似交配的"亲密"行为。可能的原因如下。

①性别识别错误：革翅目昆虫可能通过信息素、体型、颜色等特征来识别异性，若这些特征出现混淆，就可能导致性别识别错误。比如，雄性在与雌性交配完后，身上会携带有雌性的气味，从而向其他求偶的雄性发出错误的信号，进而引发同性间的求偶或交配行为。

②交配机会竞争：在求偶竞争激烈的情况下，雄性可能会采取一些策略来干扰竞争对手。比如，某些雄性可能会趴在其他雄性身上，以阻止其与雌性交配，或者利用同性交配将自己的精液传播到其他雄性个体身上，期待后者与雌性交配时能间接传递自己的精子。

③经验学习与技能训练：对一些年轻的雄性个体，同性之间的类似交配行为可能是一种学习和训练过程。通过这种行为，它们可以提高自己的交配技巧和能力，以便在后续更好地与雌性交配，提高繁殖成功率。

六、蠼螋平凡的小日子

需要注意的是,昆虫的这些行为并不能等同于同性恋概念,更多是基于本能和生存繁殖策略的行为表现。

(六)独特的趋光"夜行者"

在大自然的奇妙舞台上,昆虫的趋光行为一直是引人入胜的研究课题。我国成语"飞蛾扑火",便生动描绘了昆虫难以抗拒灯火诱惑而自取灭亡的趋光现象。这种趋光性在生活中应用广泛,如农林害虫防控常用的杀虫灯,便是利用了昆虫的这一特性。

针对昆虫趋光行为,科学家提出诸多假说。早期有"光定向假说",认为昆虫趋光是光罗盘定向行为所致;"生物天线假说"指出其与性信息素信号交流紧密相关;"光干扰假说"则觉得是强光干扰昆虫正常行为,使其无法找到暗区而持续扑灯。近年,华中农业大学雷朝亮团队提出"光胁迫假说",该假说表明,光胁迫影响昆虫正常运动行为,促使其产生趋光反应。比如趋光性昆虫夜间受光刺激,乙酰胆碱酯酶活性降低,乙酰胆碱滴度升高,使昆虫处于持续兴奋的状态从而趋向光源运动。

蠼螋,作为昼伏夜出的昆虫,也展现出独特的趋光特性。白天,它们隐匿于阴暗的缝隙、土石块下或枯叶杂草之中,避开光线的侵扰。夜晚来临,它们便活跃起来,外出觅食。

河南省农业科学院现代农业科技试验示范基地的研究人员,通过设置高空探照灯和地面灯两种诱虫灯,对蠼螋的趋光行为进行了深入观察(图6-12)。研究结果显示,蠼螋有着明显的趋光规律。其趋光上灯高峰集中在每年的7~8月,这段时间恰好也是这一代有翅蠼螋的繁殖高峰期。在这两个月里,蠼螋受灯光吸引的程度极高,相较于其他月份,上灯数量大幅增加。这一现象或许暗示着,在蠼螋的繁殖过程中,趋光性扮演着某种重要角色。也许灯光的某些特性模拟了它们在自然环境中的特定信号,吸引着蠼螋前往,又或许趋光行为与它们的求偶、繁殖场所选择存在某种关联。对蠼螋趋光性的深入研究,不仅有助于我们更好地了解这种昆虫的生活习性,也为相关领域的应用提供了有价值的参考。

图6-12 灯光诱集到的长翅型溪岸蠼螋

(七)吃嘛嘛香

昆虫的食性种类可根据其摄取的食物种类和来源划分为植食性、肉食性、腐食性和杂食性昆虫,其中植食性昆虫是指以植物的组织和汁液为食的昆虫,占昆虫种类近五成,植食性昆虫又可分为叶食性、茎食性及果实食性昆虫,如各种蛾类、蚜虫、叶螨等都是植食性昆虫。肉食性昆虫是指以其他昆虫或小型无脊椎动物为食的昆虫,它们通过捕捉、咬杀或吸食其他昆虫而获得生长发育所需的各类营养物质,如螳螂、蜻蜓、龙虱等。腐食性昆虫是指以动物、植物残体或者粪便为食的昆虫,在维持生态平衡方面发挥重要作用。杂食性昆虫是指既能以植物又能以动物为食的

六、蠷螋平凡的小日子

一类昆虫,其种类众多,生活的场所各式各样,从高山到沙漠、从海洋到溪水、从赤道到两极都有它们的身影,有很高的研究价值,如棉铃虫、蜜蜂等。

蠷螋也是杂食性动物,它们中的多数并不挑食,并倾向于在夜晚进食。出色的咀嚼能力使它们能够吃坚硬的食物,比如其他昆虫。它们的食物主要包括腐烂的植物残料、新鲜的叶片和花以及一些真菌,这使它们成为生态系统中重要的分解者。它们也捕食蚜虫、其他昆虫的卵和幼虫以及小型节肢动物,显示了它们作为捕食者的作用。它们不在乎它们的晚餐是活的还是死的,不过相比之下,它们更喜欢吃活虫。

蠷螋的食性既可能是有益于人类的,也可能是有损于人类利益的。它们在帮助控制某些害虫的同时,也会损害植物,但是在害虫足够多时,它们从来不吃植物,正所谓"有肉谁吃豆腐啊"。人们可以通过调查田间害虫的虫量,适时地用诱饵去调控蠷螋来防治害虫(图6-13至图6-15)。此外,蠷螋的排泄物呈黑色小颗粒状,这是帮助人们识别它们踪迹的一个小特征,也可根据排泄物的多少间接判断附近蠷螋的数量。

图6-13 蠷螋取食草地贪夜蛾

图 6-14　蠼螋取食黄粉虫　　图 6-15　两只蠼螋在分食食物

（八）蠼螋的防御小妙招

作为弱势群体的昆虫，会通过多种方式降低或逃避天敌的捕食，常见的有拟态防卫、放毒防卫、自残防卫和假死防卫。如枯叶蝶通过拟态躲避天敌的捕杀，它们会隐藏在与自己体色几乎相同的树干或者叶片上，即使天敌从其身旁经过也丝毫不会发现脚下就是一顿美餐；放毒防卫可谓是一种与"敌人"正面硬刚的表现，即使丢掉了性命，也要让敌人吃一点苦头。就如我们平时经常见到的蜜蜂，当我们不小心摸到或拍到小蜜蜂时，蜜蜂会认为受到了伤害，便会使用一生只能用一次的毒针狠狠地刺向你，即使它们清楚这一扎也就意味着自己的死亡，但依然会义无反顾地出击；自残防卫也就是"留得青山在，不怕没柴烧"，只要还活着，一切皆有可能，做到及时止损，如田间收获时随处可见的蝗虫，当它们遇到危险或被捕食者抓到时，它们会奋力蹬腿，即使断一条腿，它们也会拼尽全力，放手一搏，以换来逃脱的机会；而蠼螋则将假死表演得淋漓尽致，当它们遭遇到危险或者天敌侵害时，会倒在地上一动不动，上一秒还在活蹦乱跳，下一秒仿佛已经"咽"下了死前的最后一口

六、蠼螋平凡的小日子

气,如果遇到对尸体不感兴趣的捕食者,就可以幸运地捡回一条小命。

当然,装死并非蠼螋唯一的防御小妙招。如果你试图徒手抓蠼螋,它会迅速做出防御,方式之一就是分泌黄褐色液体,散发着恶臭的气味,但实际上是无害的,这种难闻的分泌物能够帮助蠼螋逃离捕食者的魔爪。有些小伙伴认为蠼螋的尾铗似于蝎子的螯针,是有毒性的。其实,蠼螋的钳状尾巴只是物理防御武器,并没有什么毒性,因为与钳状尾巴相连的腹部并没有毒腺。当遇到危险时,蠼螋会弯曲自己的腹部,让它的尾铗竖立起来以吓退捕食者,如果捕食者没有被吓退,它的下一步动作并不是攻击,而是装死,可见蠼螋实际上是一种胆小的昆虫。

蠼螋具有多种天敌,反映了其在食物链中的地位。鸟类,尤其是地面觅食的鸟类,是蠼螋的常见天敌。小型哺乳动物,如鼩鼱也捕食蠼螋。蠼螋的天敌还有青蛙、蟾蜍、蜘蛛等常见动物。蚂蚁多时,蠼螋也会受到蚂蚁的骚扰。

七、饲养蝼蛄全攻略

（一）抓住那只蝼蛄

你知道吗？蝼蛄爬行速度那叫一个快，当我们与它对视的瞬间，它就能迅速溜走，极难捕捉。不过别担心，经过一系列正交筛选实验，科研人员发明了一种专门针对蝼蛄的诱饵。这种诱饵以炒制小麦面粉和麦麸为基底，再加入虾粉、腥味素、鱼肉、果泥等成分。制作时，先把适量香油倒入小麦面粉与麦麸中，小火慢慢炒制，过程中不停翻动，直到麦麸和面粉不结块，接着加入腥味素等配料即可（图7-1），用这种诱饵能比较精准地诱捕蝼蛄。

图7-1 制好的蝼蛄诱饵

有了诱饵，还要有合适的捕虫装置。我们可以在田间靠近作物或者杂草的地方，挖一个大小适当的坑，把特制的捕虫盒放进去，注意上缘一定要与地面平齐，要是高于地面，蝼蛄可就难"上钩"啦，因为这样它很难顺利爬进陷阱。随后，往捕虫盒里放上提前做好的饵料，再盖上盖子，别忘了在盖子上戳

七、饲养蠼螋全攻略

几个蠼螋能钻进去的洞(图7-2至图7-4)。这么做一方面能引导蠼螋顺利进入捕虫盒,实现捕捉目的;另一方面,遇到雨水天气时,还能防止捕虫盒内积水过多,避免捕捉到的蠼螋溺亡。把捕虫陷阱放置2~3天后,就可以收集捕获的蠼螋,同时补充些诱饵,让陷阱循环发挥作用。

图7-2　在地上挖一个大小适合的坑放置捕虫装置

图7-3　捕虫装置上缘与地面平齐

图7-4　捕虫装置盖盖并在盖子上戳孔

在河南省,每年6~9月,蝼蛄经常出没于各类农作物田间,玉米田更是它们的"常驻地"。10月之后,气温逐渐下降,蝼蛄的田间活动大幅减少,慢慢淡出我们的视野。但有趣的是,即便在10月后,在新乡市原阳县的晚播玉米田中,我们依然能诱捕到一定数量的蝼蛄(图7-5至图7-8)。

图7-5 夏播玉米田中诱捕蝼蛄的陷阱

图7-6 晚播玉米田中诱捕蝼蛄的陷阱

图7-7 诱捕装置中的蝼蛄

图7-8 诱捕到的蝼蛄

七、饲养螳螂全攻略

（二）特殊的美食——以虫养虫

螳螂的食性很广，田间常见的农林蔬菜害虫基本都可以用来饲喂螳螂，甚至鳞翅目昆虫的卵块也能将螳螂饲喂得身强力壮。投喂活虫，螳螂的捕食意愿更强，草地贪夜蛾幼虫、橘小实蝇幼虫、蜂蛹等富含蛋白质的营养物质，是螳螂的最爱（图7-9至图7-11）。值得注意的是，低龄螳螂若虫食量较小，相应的所需喂食的活虫量也小，但是当喂食量过小食物不足时，螳螂就会吃掉自己的伙伴。

图 7-9　草地贪夜蛾幼虫喂养

图 7-10　蝇蛆喂养螳螂

实验室中饲喂螳螂以玉米螟幼虫和黄粉虫为主，其中玉米螟幼虫的效果更好，因其质地更为柔软，方便螳螂取食，更受其喜爱。相反黄粉虫则表皮相对坚硬，螳螂难以突破表皮，因此在喂食黄粉虫时应将其拦腰剪断，以方便螳螂取食。由于剪断的黄粉虫容易腐烂生菌，所以要时刻注意未食用的黄粉虫残体腐烂生蛆，及时清理，避免破坏螳螂适宜的生存环境。虽然黄粉虫饲养效果较玉米螟差，但是优点在于黄粉虫饲养难度低，成本较低,在玉米螟存量不足时,也不失是一种不错的饲料(图 7-12)。

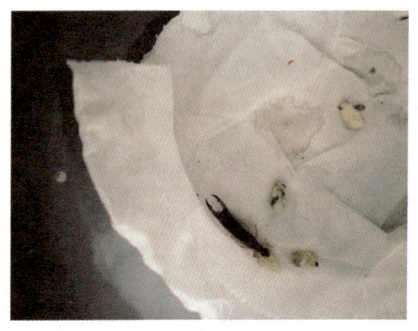

图 7-11 用蜂蛹喂养蠼螋

图 7-12 饲养黄粉虫作为蠼螋的饲料

(三)为蠼螋提供一个舒适的家

如果你准备饲养蠼螋,就要把蠼螋想象成宅在家里的小居民,作为饲养者的你就是为它们打造"家"的环境设计师。事实上,蠼螋作为一种具有独特生态习性的昆虫,如今已有一套较为成熟的人工饲养方法。

饲养环境方面,光暗周期需控制在 14 小时光照与 10 小时黑暗,温度维持在 24~28℃,相对湿度保持在 80%。保种扩繁时,选用塑料箱,装入经高温高压灭菌的沙土,湿度要适中,以攥紧沙土能抱团且无水分渗出为宜。装土高度约为箱体的 1/3,装填完成后,适当犁松,避免沙土过于紧实,以方便蠼螋挖掘洞穴,同时注意做好盒上保湿工作。

日常管理也颇为关键,每日需观察其产卵及孵化状况。若虫孵出后,可在土面捕捉或整窝挖出,接着每日挑出,放入盒中,并投入滤纸条分盒饲养(图 7-13)。饲养容器推荐使用塑

七、饲养螺蝈全攻略

料盒，将水浸湿的棉团贴于底部，揉搓滤纸条并喷湿，如此，纸条间便能形成交错缝隙，可为螺蝈营造理想的隐蔽场所。投食周期为每2周1次，把饲料切成碎粒，均匀分散撒开（图7-14）。对于不需要扩繁的螺蝈，采取雌雄分盒饲养；若有扩繁需求，则让成虫混养7~10天，待充分交配后，部分放入沙土箱中继续饲养（图7-15）。掌握这些要点，便能为螺蝈提供一个舒适的家，助力对其的研究与保护。

图7-13 投入滤纸条的塑料盒

图7-14 人工饲料饲喂螺蝈

了解完螺蝈的人工饲养基本要点，再深入探究其生长发育周期细节。以溪岸螺蝈为例，1个世代的发育历期长达74天，其中卵的孵化需耗时7天，1~5龄若虫各阶段的平均发育历期依次为7天、7天、7天、14天和14天。从成虫寿命来看，雌、雄成虫寿命均为18天

图7-15 沙土箱中饲养的螺蝈

左右,雌成虫别具特点,具有多次交配能力,其产卵次数可达4次,产卵历期为17天,平均每头雌成虫产卵量颇为可观,为60~300粒,视营养条件而定。

人工饲养蠷螋绝非易事,尤其是饲料制备与环境管控环节。一方面,人工饲料的调配与供给挑战重重,灭菌环节稍有差池,便可能前功尽弃,湿度调控更是要求精准,过干或过湿都会影响蠷螋的生长状态。另一方面,螨虫滋生堪称饲养蠷螋的"头号大敌"。在长期饲养实践中发现,螨虫一旦出现,对于蠷螋饲养简直是灭顶之灾(图7-16、图7-17)。与鳞翅目类昆虫如棉铃虫、东方黏虫、草地贪夜蛾等不同,这些虫在饲养过程中,螨虫与它们能够共生,可螨虫对蠷螋群体却极具杀伤力。螨虫在蠷螋间不仅传播速度惊人,而且能在短短一周之内,使蠷螋全军覆没,让长时间的饲养心血付诸东流。所以,攻克螨虫防治难题,是成功人工饲养蠷螋的关键一步。

图7-16 滋生螨虫的蠷螋

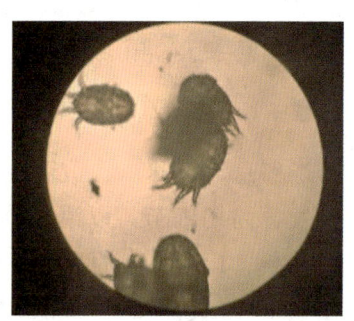
图7-17 显微镜下的螨虫

八、小蠼螋　大能量

当前，在生物学与生态学领域，大多数蠼螋仍蒙着一层神秘面纱，人们对其了解还相当有限。近年来，科研人员自制了特殊诱捕装置，在玉米田（涵盖转基因及常规玉米田）、大豆田、棉花田以及花生田展开诱捕探索。结果发现，那些土壤松软、腐殖质富足，且田间杂草种类繁多的区域，所诱捕到的蠼螋不仅种类丰富，数量也颇为可观；反观土壤板结、干旱缺水之地，诱捕到的蠼螋数量则少得多。

从生态位视角剖析，革翅目在生态系统中占据着举足轻重的地位。蠼螋属于机会性取食者，其食物来源广泛，活虫、死虫乃至腐烂物质，统统都在它们的"食谱"之上。正是通过这样的取食行为，蠼螋助力了有机物的分解进程，使营养物质得以重新回归自然环境，完成循环利用。设想一下，倘若蠼螋从地球上彻底消失，依赖其为食的食物链上层生物将陷入食物短缺困境，繁育受阻，进而引发食物链断裂，甚至致使局部生态结构崩塌瓦解。由此可见，蠼螋堪称生态平衡的"守护者"。

革翅目作为天生的捕食者，在控制害虫种群数量方面有着突出表现，诸多昆虫是它们的捕食对象。而蠼螋的捕食行为，为植物的茁壮成长营造了良好生态环境，有力推动了整个生态系统的健康稳定发展。与此同时，蠼螋对腐烂有机质的偏爱，在分解过程中发挥着关键作用，进一步促进了养分循环，让土壤变得更加肥沃。值得一提的是，相较于其他生物，蠼螋对人类生活的直接影响微乎其微，既不会威胁牲畜、宠物以及人类的身体健康，也不会对建筑物造成破坏。

不仅如此，蠼螋自身又是众多动物的"盘中餐"，鸟类、蜥蜴、蟾蜍以及体型较大的昆虫，都将其视为重要食物来源。如此一来，蠼螋稳稳扎根于食物链之中，既是捕食者，又是被捕食者，凭借这一双重身份，在生态系统平衡的大舞台上扮演着不可或缺的角色。鉴于此，倘若能够通过人工驯化手段，将蠼螋应用于生物防治领域，无疑可为人类创造诸多福祉。

（一）农田守护者

在现代农业领域，生物防治是害虫综合治理中的关键一环，它巧妙借助天敌之力，对害虫种群进行有效调节，是害虫绿色防控技术的核心要点，是我国现阶段推动农业可持续发展的有力"武器"。它既能大幅削减农药用量，保障农产品的绿色、优质，又能守护农业生产与生态环境的双重安全，意义非凡。

回溯历史，北宋科学家沈括在那本包罗万象的《梦溪笔谈》中，就曾生动描绘过蠼螋的身影。书中提到"忽有一虫生，如土中狗蝎，其喙有钳，千万蔽地；遇子方虫，则以钳搏之，悉为两段。旬日子方皆尽，岁以大穰。其虫旧曾有之，土人谓之'傍不肯'"，这里所提及的"土中狗蝎"以及"傍不肯"，实则就是蠼螋。不难看出，古人早已留意到蠼螋数量众多，且具备捕食害虫的本领（图8-1、图8-2）。

放眼当下全球农业体系，蠼螋家族中的诸多成员扮演着复杂多样的角色。部分种类被视作"捣蛋分子"，它们会对农作物的营养组织、花朵、谷物以及水果造成损害，给农业生产添乱。不过，另有一些种类却堪称"灭虫卫士"，在对抗叶蝉、毛毛

八、小蠼螋　大能量

虫、蚜虫、苍蝇等害虫时表现出众，是当之无愧的生物防治天敌昆虫。甚至还有些蠼螋种类具有两面性，既是捕食害虫的能手，偶尔也会给农作物带来些许麻烦。

图8-1　蠼螋啃食卵布上的害虫虫卵

图8-2　蠼螋捕食害虫的幼虫

蠼螋里相当一部分种类近乎纯粹的食肉动物，在土壤害虫防控层面发挥着不可小觑的作用。然而，要想让生物防治技术落地生根，农民群体的作用至关重要。毕竟，在政府、商业、技术研发、农技推广以及广大消费者等社会各界力量当中，农民是防治措施的最终落实者。唯有强化对农民的专业培训，让他们深入领会害虫生物防治的核心理念与实操技术，生物防治这项惠及人类的前沿技术才能精准、高效地得以推行。

总体而言，合理调控蠼螋种群用于农林生物防治害虫，不但能够为蠼螋这一独特生物提供生存繁衍的保障，更有着超乎想象的社会与生态价值。我们怀揣着共同的美好愿景：在未来某一天，通过不懈努力，让每个人的餐桌都摆满不施化肥、不打农药的绿色有机瓜果蔬菜，畅享大自然的纯粹馈赠。

1. 玉米田

草地贪夜蛾是夜蛾科灰翅夜蛾属中的一种害虫,也被称为秋行军虫、秋黏虫、草地夜蛾。该物种食性极其复杂,可食用多种农作物,食性甚广,繁殖能力强,迁飞扩散速度快,世界范围内都有分布,主要存在于热带和亚热带地区。基于其对不同环境极强的适应能力,草地贪夜蛾是农业生产中常见且危害严重的害虫,尤其会对玉米的生长发育造成严重危害。草地贪夜蛾幼虫期以玉米叶片为食,啃食后的玉米叶片常常出现不规则缺刻和圆孔,严重时会造成断苗断茎。在玉米生长中后期,幼虫还会危害玉米穗,孵化后通常会钻入玉米穗中发育(图8-3)。

研究发现,溪岸蠼螋展现出了卓越的捕食能力,其若虫与成虫均能对草地贪夜蛾的各个虫态发起有效"攻势"(图8-4)。在溪岸蠼螋群体中,雌成虫的捕食表现尤为突出,日捕食能力堪称最强。进一步观察其捕食偏好可知,溪岸蠼螋雌成虫在面对草地贪夜蛾时,对1~6龄幼虫以及雌、雄成虫的日捕食量呈现出依次递减的态势。无独有偶,溪岸蠼螋雄成虫同样具备捕食草地贪夜蛾的本领,对1~6龄幼虫和雌、雄成虫的日捕食

图8-3 玉米植株上的草地贪夜蛾

图8-4 蠼螋在玉米植株上寻找草地贪夜蛾幼虫

八、小螳螂 大能量

量也在不断降低。诸多实验数据有力地证实了一个结论：螳螂对玉米田中频繁出没的草地贪夜蛾有着极强的克制作用，能够在很大程度上遏制草地贪夜蛾的繁衍、扩散，有效降低其对玉米田造成的危害，为保障玉米田的生态平衡与作物产量立下汗马功劳。

2. 棉花田

棉铃虫属于鳞翅目害虫，广泛分布于世界各地，在我国各地区也均有分布，可危害棉花、番茄、辣椒、玉米、大豆和马铃薯等多种农作物。20世纪中期，我国就开展了对棉铃虫的研究，目前对棉铃虫的发生规律、防治指标和防治技术有了比较详细的报道。20世纪末期，棉铃虫在我国华北和长江流域棉区暴发成灾，严重危害棉花及其他多种经济作物生产，仅1992年棉铃虫在各种作物上累计发生面积达2192万公顷，造成直接经济损失逾百亿元。目前棉铃虫已对40多种杀虫剂的抗性显著增强，对氯氰菊酯和溴氰菊酯、灭多威和毒死蜱等均有一定的抗药性，同时，使用大量农药后，普遍存在毒性大、残留高、成本高、易污染环境、环境相容性较差等问题。由于在栽培过程中存在很多不科学使用药物的行为，使得棉铃虫的发生流行率逐年上升，自2010年以来，棉铃虫种群发生明显回升，在玉米、花生等非棉花作物上危害同样不断加重，并严重波及了内蒙古、宁夏等棉铃虫偶发区域。因此棉铃虫研究、防治对我国农业发展具有现实意义，而开发天敌昆虫的绿色生物防治模式成为综合防治棉铃虫亟待解决的问题。

在棉花种植区域，棉铃虫的卵、幼虫以及棉蚜都在螳螂的捕食范围内。以河南省太康县棉花田为例，科研人员曾在此捕捉棉铃虫与溪岸螳螂，展开了深入的溪岸螳螂对棉铃虫捕食能力探究实验（图8-5）。结果表明，雌性溪岸螳螂成虫堪称捕食棉铃虫的"主力军",其捕食能力最为突出,尤其对棉铃虫 1 龄幼虫,日捕食量可达 32 头之多。不仅成虫捕食能力出众,1 龄溪岸螳螂若虫也不容小觑,虽日捕食量仅为 2 头,但已初显捕食者锋芒(图 8-6)。

图 8-5　在棉花田进行螳螂的诱集

图 8-6　螳螂捕食棉铃虫

随着溪岸螳螂的成长发育,不同龄期对相同龄期棉铃虫幼虫的捕食能力呈现出明显的变化规律:捕食能力随自身龄期增加而逐步增强。其中,1～3 龄若虫对棉铃虫各个龄期的捕食效果差异并不显著,平均日捕食量稳定在 3 头左右。而当溪岸螳螂成长至 4 龄若虫后,捕食量开始大幅提升,4～5 龄若虫的捕食量更是远超 1～3 龄阶段。

从捕食偏好来看,溪岸螳螂各发育阶段对棉铃虫 1～4 龄幼虫表现出明显喜好,积极捕食;但对 5～6 龄棉铃虫幼虫以及雌雄成虫却呈现出负喜好性,较少主动捕食。

综上所述,不难判断螳螂在棉花田生态中扮演着重要角色,对常见的棉铃虫幼虫有着良好的防治功效。因此,在棉铃虫危害的初始阶段,也就是其尚处于低龄若虫期时,适时向棉花田释放螳螂,能够有效遏制棉铃虫数量增长,防止其爆发成灾,为棉田植株的茁壮成长保驾护航,确保棉花的正常生产。

3. 花生田

花生是我国主要的经济作物，种植面积逐年增多，花生生长过程中经常受到病虫害的威胁。蛴螬是金龟子的幼虫，也是花生的主要地下害虫之一，其危害期长、危害性大，在整个花生的生长周期内均可危害花生，影响花生发芽、坐果和结荚，降低花生产量和质量。花生苗期发生蛴螬危害，幼苗根茎被蛴螬咬断，导致缺苗断垄。花生荚果期发生蛴螬危害，蛴螬可咬断果柄和咬伤幼果，取食果仁，蛴螬发生严重时可将果仁全部吃光，荚果被咬断果柄后会在土中发芽或腐烂。蛴螬还会啃食花生的主根，导致花生植株死亡。通常蛴螬会导致花生减产10%~20%，严重时可减产60%以上，甚至绝产。成虫金龟子主要进食叶片，导致叶片破损，严重时仅留叶片主脉，影响光合作用，降低花生产量和质量。

在现代农业生态保护的进程中，天敌昆虫防治策略备受瞩目。与传统化学防治手段截然不同，利用天敌昆虫防治既不会给环境带来丝毫污染，又能巧妙地维持食物链的固有平衡，因而愈发受到各界的广泛重视。

以土蜂为例，它是蛴螬的强劲天敌。诸多研究表明，臀钩土蜂专门寄生在鳃金龟科的华北大黑鳃金龟、暗黑齿爪鳃金龟、毛黄鳃金龟、拟毛黄鳃金龟以及丽金龟科的苹毛丽金龟体内，凭借这种独特的寄生方式，精准且有效地遏制了蛴螬的繁衍与危害，守护着农作物的根基。

与此同时，蠼螋在这场农业生态保卫战中同样扮演着关键角色。在花生田的日常巡查中，当翻开花生根部，便能惊喜地发现溪岸蠼螋捕食花生地下害虫蛴螬的精彩场景（图8-7、图8-8）。溪岸蠼螋作为一种适应性较强的昆虫，其捕食范围广泛，不仅活跃于花生田对抗蛴螬，在棉花田、玉米田等诸多农田生态系统中，也能针对不同害虫施展捕食技能，为农作物的健康生长保驾护航，是当之无愧的"农田卫士"。

图8-7 花生田中设置的诱集蠼螋的装置

图8-8 蠼螋大战花生田地下害虫蛴螬

4. 茄子田

桃蛀螟属鳞翅目螟蛾科蛀野螟属，又名桃蛀野螟，是桃树的主要蛀果害虫之一。幼虫蛀入果内取食危害，蛀道内积满虫粪，蛀孔外流出胶状液体，与排泄出来的褐色粪便混粘，污染桃果表面，造成果品不堪食用。幼虫初期蛀入果实时，比较隐蔽难以发现，症状表现明显时，防治起来又相当困难（图8-9）。

科研人员在深入探索茄子田

图8-9 青茄中的桃蛀螟

时,发现桃蛀螟的存在,但黄足肥蝽展现出了强大的捕食能力,它将桃蛀螟幼虫列为自己的"盘中餐"。

　　黄足肥蝽身形小巧却行动敏捷,其细长的触角犹如精密的探测器,能够敏锐地感知周围环境的细微变化,精准定位桃蛀螟幼虫的藏身之处。一旦锁定目标,它便迅速出击,凭借有力的口器将毫无防备的桃蛀螟幼虫制服(图8-10、图8-11)。这种捕食行为并非偶然,而是黄足肥蝽长期适应农田生态所进化出的生存技能,对于控制茄子田害虫数量起着至关重要的作用。黄足肥蝽在茄子田对桃蛀螟幼虫的捕食,正是蝽蟓家族守护农业生态的一个缩影。

图8-10　被捕食的桃蛀螟幼虫

图8-11　蝽蟓捕食桃蛀螟幼虫

5. 大蒜田

　　大蒜作为河南省的重要经济支柱作物之一,在杞县、中牟县以及通许县等多地形成了规模化种植产业带。然而,随着大蒜产业蓬勃发展,一种名为大蒜根蛆的害虫悄然成了"心腹大患"。

　　大蒜根蛆的幼虫极其狡猾,它们偏爱聚集在大蒜地下部分的根与鳞茎周围，大肆展开破坏行动。这些幼虫宛如一群贪婪的食客，疯狂啃食蒜根，致使蒜根被咬断，变得残缺不全；更有甚者，它们会直接钻进蒜瓣内部，肆意吸食蒜瓣汁液，进而形成一个个触目惊心的孔洞。在大蒜根蛆危害严重的情况下，蒜瓣内部的蒜肉会被蛀食得一干二净，受害部位往往呈现出软烂腐烂之态。遭受大蒜根蛆侵袭的大蒜植株，生长态势急转直下，变得矮小瘦弱，叶片也逐渐发黄枯萎（图8-12）。据田间观测数据显示，一般的大蒜田块，虫株率约在10%，而在虫害重发区域，虫株率飙升至20%以上，减产幅度超过10%，这无疑给大蒜的产量与品质带来了沉重打击，严重阻碍了大蒜产业的稳健前行。

图8-12 大蒜根蛆危害后的大蒜植株

所幸，在大自然的生态制衡体系中，蠼螋挺身而出，成为对抗大蒜根蛆的得力战将。蠼螋家族成员众多，它们身形虽小，却暗藏大能量。其身体构造精妙，触角敏锐，能够快速感知周围环境变化，精准定位猎物。经过深入研究发现，蠼螋对大蒜根蛆展现出了强劲的捕食能力。在大蒜生长的关键时期，合理、适时地向田间释放蠼螋（图8-13），它们便能迅速进入战斗状态，在蒜田的地下世界穿梭巡逻，凭借自身敏捷的身手和强力

八、小蠼螋 大能量

图 8-13 大蒜田诱集蠼螋

的捕食器官，对大蒜根蛆发起凌厉攻势，大量捕食大蒜根蛆幼虫，有效遏制大蒜根蛆的繁衍与肆虐，从而极大程度降低大蒜根蛆发生的概率，减轻其对大蒜植株的危害程度，宛如为大蒜生长撑起了一把坚固的保护伞，切实保障大蒜的品质与产量，助力大蒜产业持续繁荣发展（图 8-14）。

图 8-14 大蒜田诱集的缘殖肥螋对大蒜根蛆进行捕食

6. 果园

在全球农业领域,果园作为相对独立的小型生态系统,生物防治手段正发挥着关键作用。众多果园采取一系列保护措施,例如,限制广谱农药的使用、合理种植有益植物等,这些举措有效促进了天敌昆虫数量的增长,进而降低了害虫的危害程度。

温带地区的果园中,蠼螋的繁殖特性较为特殊,每年仅繁殖一代。这种缓慢的繁殖节奏使得其种群稳定性较差,极易受到外界因素干扰。农药喷施、土壤翻耕等农业操作都会对其种群数量产生影响。尤其是土壤耕种环节,由于蠼螋通常在土壤表层之下越冬,土壤管理方式的改变极易波及它们的生存环境。不过,温带果树夏季耕种时,蠼螋的幼虫与成虫大多已转移至树冠活动,此时土壤管理对它们的直接影响较小。此外,蠼螋的飞行能力较弱,活动范围相对固定。当果园使用光谱农药喷雾防治害虫时,蠼螋难以躲避,种群数量往往会大幅减少,进而削弱其对果树害虫的控制作用。

橘小实蝇是果园里极具破坏力的害虫。其幼虫蛀食果实,破坏果实内部结构,使果实表面出现凹陷、变形,严重影响果实的产量与品质;成虫啃食叶片表皮、吸食果实汁液,进一步损害果树的生长。此外,橘小实蝇还能携带植物病原体,如芒果速死病等,加速病害在果园中的传播,给果树生长带来极大危害(图8-15)。

图8-15 果园中受害虫危害造成的落果

八、小蠼螋　大能量

在果园生态的制衡体系中，蠼螋是橘小实蝇的重要天敌。同时，蠼螋对鳞翅目下的昆虫和叶螨等害虫也有明显的抑制作用。虽然蠼螋属于杂食性昆虫，但在成熟果树环境中，它们很少对树叶和果实造成危害。即便有少量关于蠼螋危害果实的报道，也多是因为果实此前已遭受鸟类、冰雹等其他因素破坏，蠼螋只是在受损部位取食。

在对枣园生态环境进行研究时发现，蠼螋对掉落在地面果实中的橘小实蝇幼虫具有较强的捕食能力。蠼螋能够在枣园的草丛、树根、树枝等各处环境中活动，凭借敏锐的感知能力和灵活的移动特性，一旦发现橘小实蝇幼虫，便能迅速捕食（图 8-16）。

可见蠼螋不仅丰富了果园害虫的天敌种类，也为控制害虫危害提供了有力支持，与其他天敌共同维护着果园的生态平衡，保障果实丰收。

图 8-16　果园中诱集的溪岸蠼螋对橘小实蝇的幼虫有捕食能力

7. 甘蔗田

甘蔗扁飞虱，因其危害会使甘蔗出现流糖现象，故而俗称流糖飞虱，是甘蔗生长路上的一大劲敌，在我国广西、广东、福建、海南等甘蔗种植产区中，深受其扰。就广西而言，桂南、桂东以及桂中部分地区更是其频繁出没的地带。

甘蔗扁飞虱的作案手段颇为刁钻，成虫与若虫常常成群结队地聚集于心叶以及蔗叶内侧，如同隐藏在暗处的吸血鬼，用它们尖锐的口器刺入蔗叶，贪婪地吸食其中的汁液。这一行为不仅会让甘蔗出现流糖症状，还如同打开了一扇病害之门，诱发煤烟病，发生煤烟病的甘蔗叶片布满黑色霉层，光合作用受阻。而且甘蔗扁飞虱成虫在产卵时，会毫不留情地刺伤蔗叶中脉，给甘蔗的生命线造成了严重损害，导致叶片生长发育不良，甘蔗整体生长萎缩，产量与质量双双下滑。据相关调查数据显示，那些受害严重的甘蔗植株，蔗茎锤度[①]大幅降低，约下降 5%，产量更是锐减两成左右，蔗农们辛苦一年的收成大打折扣。

值得一提的是，蠼螋对甘蔗扁飞虱的控制效果显著，捕食量相当可观。在整个蔗园的捕食性天敌阵营里，蠼螋的数量独占鳌头，占比接近 50%，成为抑制甘蔗扁飞虱种群数量的中坚力量。并且，蠼螋的种群数量相对稳定，能够持续稳定地为甘蔗保驾护航，守护蔗园生态平衡，保障甘蔗茁壮成长，为蔗农们减少损失。

（二）环境监测员

在城市蓬勃发展的背后，城市土壤起着举足轻重的作用。它宛如一位默默奉献的多面手，既为城市绿化与农业生产提供支撑，又能调节地表径流，还承担着污染物汇集分解的重任，甚至参与控制有害生物、调节人类免疫系统，守护着城市生态与居民健康。

---

① 锤度：指溶液中可溶性物质的重量占总重量的百分比，是衡量蔗汁中糖分含量的重要指标，锤度高说明糖分含量高。

八、小蠼螋　大能量

然而，城市发展中的各类活动，如交通运输、园林绿化、建筑施工等，却给城市土壤带来诸多伤痛。生态系统生境连接破碎，土壤理化性状恶化，容重增大、pH值上升、有机质异常积累，重金属与有机污染物也不断沉淀，土壤生物群落结构失衡，外来种及边缘种比例日益增加。这些变化犹如蝴蝶效应，直接或间接威胁着城市居民健康，阻碍城市持续发展。故而，对城市土壤质量的有效监控迫在眉睫。

土壤质量好坏的关键，在于其维持生物生产力、保障环境质量、助力动植物成长的能力。城市土壤一旦退化、质量下滑，城郊农业生产将岌岌可危，城市生态系统服务的可持续性也将难以为继。

在衡量土壤质量的众多指标里，土壤节肢动物群落的物种与功能特征十分关键。它们依赖土壤提供的栖息环境、水热条件、养分等生存繁衍。植被更迭、土壤物理扰动、污染物及农药肥料施用，都会引发土壤节肢动物群落结构"动荡"，使其丰度、物种数量、功能特征改变。将土壤节肢动物群落特征当作土壤质量的晴雨表，能全面反映土壤质量状况，评估土壤中长期趋势与过往状态。

蠼螋主要栖息于土壤之中，这里不仅是它日常活动、繁衍后代的家园，更是其与外界环境紧密相连的纽带。土壤质地与湿度，对蠼螋生存起着决定性作用。尤其是脆弱的低龄若虫，对环境湿度和农药残留极度敏感，稍有风吹草动，便会在其种群动态中有所显现。而透过蠼螋种群的微妙变化，我们能直观洞悉土壤的污染状况。通过持续监测蠼螋的种群大小、年龄结构、密度、增长和繁殖率等关键要素，一幅完整且实时的生态系统健康全景图便能跃然眼前。通常潮湿且富含有机质的土壤则通常深受蠼螋喜爱，而在那些过度依赖化学农药、化肥的农田里，蠼螋的数量往往寥寥无几，成为土壤生态失衡的无声警示。

与此同时，土壤节肢动物的功能特征同样可以作为衡量土壤质量的重要生物指标。这些特征与生物的形态、生理及物候特点相互交织，宛如一张精密的生态滤网，精准反映出生物对生态位的抉择与对环境压力的耐受性。当下，一系列土壤动物功能特征数据库如雨后春笋般涌现，配套的标准评估程序也日臻完善，为深入探究土壤生态打开了一扇全新的大门。

就拿蠼螋来说，它们的形态特征——体型大小、颜色、附肢或翅膀等，可在一定程度上反映环境状况。当环境出现问题，蠼螋可能会出现体型变小、颜色变暗、色泽不均、附肢萎缩、畸形、翅膀短小、卷曲、翅脉不完整等情况。此外，在干扰频繁、稳定性欠佳的生境中，体型小巧、运动能力卓越的物种更易生存繁衍，蠼螋恰好契合这一特点，当之无愧地成为指示环境污染物危害程度的"检测员"。

城市土壤生态系统，是置身于现代化浪潮中的孤岛，被人工建筑环绕，周长与面积比例失衡，遭受城市活动的直接冲击更为猛烈。城市干扰使得土壤容重陡增、有机质大量流失，即便经过漫长的数十年，其自我修复之路依旧崎岖坎坷。城市景观格局中的诸多因素，如生境面积大小、连接紧密程度、景观多样性等，如同一条条无形的绳索，牵动着土壤节肢动物群落的命运。

令人欣喜的是，在绿色农业、有机农业、大健康农业蓬勃兴起的未来浪潮中，蠼螋被赋予了全新使命，有望成为舞台中央的主角。回首往昔，几十年前翻开泥土，那股自然散发的芬芳，承载着不同生物和谐共生的美好记忆；然而，随着化肥、农药等化学品毫无节制地涌入农田，农业领域陷入了恶性循环的泥沼。如今，是时候转变思路，重新拥抱自然规律了。蠼螋凭借其独特的

八、小蝼蛄 大能量

生态位与环境指示功能，与昆虫、微生物等自然界的众多生命体携手，为构建天然、绿色、节能的现代农业新模式贡献力量（图8-17）。

想象一下，在未来的农田里，农民们依据蝼蛄的种群分布，精准调整土壤湿度与肥力，减少不必要的农药化肥使用；城市绿化中，通过观察蝼蛄活动，优化土壤生态，让城市景观更加生机勃勃。蝼蛄不再是默默无闻的土壤居民，而是推动农业可持续发展、守护生态平衡的得力助手，引领我们迈向人与自然和谐共生的美好明天。

图 8-17　湿润的黄河湿地上成群的小蝼蛄

（三）仿生小模特

在昆虫的奇妙世界里，蝼蛄的翅膀堪称一绝，拥有着令人惊叹的高折叠比率，平日里，翅膀能够紧紧贴合身体，这使得蝼蛄自如穿梭于土壤之间，毫发无损。而当飞行需求来临，翅膀又能以单一关节的灵动运动迅速展开，飞行结束后，无需肌肉发力，便能轻松收回，如此便捷高效的操控方式，蕴含着大自然亿万年进化的精妙智慧（图8-18），这一独特特性吸引了众多科研人员的目光。

科学家Deiters等人借助高速摄影机，聚焦蝼蛄飞行瞬间，仔细观察其后翅在飞行中的一举一动与形态变幻。他们发现，

图 8-18 高空灯诱到的长翅型蠼螋

蠼螋在展翅翱翔时，会巧妙地延伸出一条关键折叠线，如同为柔软且少肌肉支撑的翅膀撑起了"脊梁"，有效防止翅的坍塌，确保飞行的平稳与安全。

Haas 团队则另辟蹊径，深入研究蠼螋后翅的微观构造，惊喜地发现了弹性蛋白的身影。这些蛋白均匀分布于翅的两面，如同精密的折叠导航仪，精准控制着翅的折叠方向。更神奇的是，弹性蛋白还具备储能超能力，将弹性势能稳稳储存在翅脉之上，成为驱动后翅折叠的核心动力，让蠼螋收放自如地掌控翅膀。

蠼螋翅膀的神奇折叠方式，还为人类科技发展点亮了灵感火花。Ishiguro 团队大胆模仿，参照蠼螋后翅的部分精妙折叠结构，成功研发出用于滑行的可折叠机翼。这一创新成果令人瞩目，折叠后的机翼面积缩小 7 倍，同时还具备出色的风响应性，仿佛拥有了感知风向、巧妙借力的智慧，在航空领域展现出巨大的应用潜力，为飞行器的设计开辟了新思路。

Saito 团队不甘落后，运用一系列前沿技术手段，对蠼螋后翅进行全方位扫描，构建出精细的 3D 图像，并以折纸技艺复刻其折叠奥秘。这一成果跨越多个领域，无论是高耸入云的建筑设计，追求高效轻便的航空航天工程，还是与日常生活息息相关的

八、小蠼螋　大能量

机械制造,都能从蠼螋翅膀的智慧中汲取养分,开启创新变革。

来自瑞士苏黎世联邦理工学院和印第安纳州普渡大学的研究人员同样对蠼螋翅膀的设计原理痴迷不已,他们借助3D打印,采用硬质塑料板模拟翅骨,以特殊弹性生物聚合物制成的弹性褶皱模拟蠼螋翅膀的柔性连接。通过巧妙调整连接布局与厚度,模拟出多样的弹簧类型,甚至实现同一关节兼具旋转与伸展功能,复刻了蠼螋翅膀的灵动多变。尤为值得一提的是,他们成功重现了蠼螋翅膀在折叠与伸展状态下的稳定能力,利用中央中翼关节,让3D打印机翼像蠼螋翅膀一样,展开即稳如泰山,轻触便能自如折叠(图8-19)。

图8-19　3D打印机翼模型(资料来源:苏黎世联邦理工学院网站)

科研人员满怀憧憬,期待将蠼螋翅膀的折叠原理广泛应用于未来仿生领域。想象一下,在户外探险时,快速组装帐篷能像蠼螋收翅一样迅速收纳;便携式太阳能电池板可以轻松折叠,便于携带;紧凑的电子器件也能借鉴其智慧,实现空间的高效利用。而在浩瀚宇宙的太空旅行中,基于蠼螋翅膀灵感设计的自折叠、自锁折纸结构,有望助力卫星、太空探测器打造可收缩太阳帆,减少发射重量与空间占用,为人类探索宇宙深处铺就更便捷的道路,让来自大自然的智慧在科技星河中熠熠生辉。

（四）丑萌的宠物

在生活的诸多角落，蝼蛄正悄然走进人们的视野，甚至成为一些人喜爱的宠物。游乐场的沙池，便是邂逅它们的场所之一，好奇的小朋友常被这些小家伙吸引，会小心翼翼地用瓶子将蝼蛄捕获，满心欢喜地带回家，开启一段别样的饲养探索之旅（图8-20至图8-22）。

图8-20　游乐场沙坑中的蝼蛄

图8-21　用火腿肠饲养蝼蛄

图8-22　小朋友在观察捕获的蝼蛄

八、小蠼螋　大能量

　　处于交配求偶前期的雄性成虫，往往极具攻击性。为了在竞争中脱颖而出，赢得宝贵的交配权，它们不惜与情敌展开激烈对抗，战况激烈时，甚至会出现身强力壮者将对手拦腰截断的残酷场面（图 8-23），这是大自然赋予它们为繁衍后代而拼搏的本能。有的小朋友在饲养蠼螋的过程中就发现了蠼螋这样独特的习性。利用这一特性，就像传统的斗蛐蛐活动一样，可以把数只蠼螋置于同一容器内，便能观赏到一场别开生面的"昆虫搏击赛"。当冲突爆发，蠼螋们会迅速进入战斗状态，通常先举起尾铗，试图以这威风凛凛的模样恐吓对手，若威慑不成，紧接着便会动用口器，精准攻击对方触角或足等相对脆弱的部位。激烈交锋中，获胜的蠼螋有时还会用尾铗紧紧钳住落败者，霸气拖行一段距离，这般精彩场景，为观看者带来意想不到的趣味与刺激，让人沉浸其中，拥有独特的观赛体验。

图 8-23　战斗中被拦腰截断的蠼螋

　　不仅行为有趣，蠼螋捕食猎物时的表现同样令人惊叹。它们动作果断、出击迅猛，瞬间便能制敌，展现出强大的捕猎本能。而且部分品种的蠼螋，尾铗巨大且造型夸张，别具一格，这独特的外形魅力吸引了众多爬虫爱好者的目光，使得越来越多的人将其纳入宠物行列，精心照料、呵护。

对于年幼的饲养者而言，螳螂饲养过程充满新奇。小朋友们会惊喜地看到，刚孵化的小螳螂以卵壳、自己蜕下的皮为食，这是它们成长初期的营养补给方式。更暖心的是，螳螂母亲还会反刍食物喂养幼崽，并始终守护在幼崽旁，直至小家伙们完成第二次蜕皮，具备独立生存能力后才放心让它们离家闯荡，这般舐犊情深，让人动容（图8-24）。

图8-24　小朋友在观察螳螂

随着螳螂逐渐走进人们生活，它们的形象还以别样的方式陪伴着孩子们成长。一些商家将螳螂模样设计成各种呆萌可爱的造型，制成玩偶、徽章等玩具。这些玩具成为孩子们的知心玩伴，默默倾听孩子的心事，给予他们安全感，任孩子倾诉、发泄情绪。一些幼儿园开展了喂养螳螂的实践课程，让小朋友们肩负起照料螳螂的责任。每天清晨醒来，孩子们来到幼儿园的第一件事便是惦记着给自己饲养的小螳螂投喂食物。在悉心观察它们取食、蜕皮、抱窝、抚幼等一系列生活细节的过程中，孩子们的爱心与耐心得到培养，内心满溢着作为"爱心小天使"的充实与快乐（图8-25）。

饲养螳螂，不仅为人们打开一扇观察昆虫世界的窗户，更让我们在与这些小生命的互动中，收获别样的温暖与乐趣，感

八、小蟋蟀 大能量

图 8-25 幼儿园小朋友饲养的蟋蟀

受大自然造物的神奇与美妙。不过,需要提醒的是,若要饲养蟋蟀,就要充分了解它们的习性,确保提供适宜的环境,让它们健康成长。

(五)行走的药房

提到药用昆虫,很多人都觉得和自己没什么关系,既不知道哪些昆虫能治哪些病,也不记得生病时曾用过什么昆虫药。那么,到底什么是药用昆虫呢?

药用昆虫是指虫体或其衍生物、分泌物、病理产物等可以入药,用于治疗或辅助治疗某些疾病的昆虫。药用昆虫是中医药学不可缺少的组成部分,在我国传统药学中,药用昆虫可以与其他动植物药搭配,组成很多疗效显著的处方。

我国昆虫资源丰富,其中不少具有药用价值,目前记载入药的昆虫有蜚蠊目、螳螂目和同翅目等超过 300 个物种,不少昆虫类中药,在临床上早已得到广泛的应用。近年来我国医药市场发展迅猛,药用昆虫依然有着很大的发展和利用空间。

根据地理条件以及昆虫自身特点,我国药用昆虫资源主要呈现四大特征：一是种类繁多、资源丰富，开发利用较少；二是药效范围广、临床应用开发潜力大；三是一些日常害虫也具有一定的药用价值；四是绝大部分来源于野外，药用昆虫养殖利用尚处于起步阶段。

蠼螋，在传统医学领域也有着独特的药用价值。蠼螋在中医药典籍记载及部分民间偏方中有所记录，现代医学中也有所应用。以白秃疮为例，这是一种常见病，多发生于少年儿童中。研究人员针对该病就发明了以蠼螋、狼毒、楮叶为主要成分的治疗配方。尽管蠼螋具有一定药用潜力，但由于其含有一定毒性，在使用时必须严格遵循专业医生的指导。医生会依据患者的具体病情、体质状况，精确把控用药剂量、炮制方法以及配伍药材，以确保用药安全，避免因自行用药引发中毒等不良反应。

如今，不再局限于传统的虫体入药方式，科研人员将目光投向了蠼螋体内蕴含的微观宝藏。一方面，直接从蠼螋虫体中提取各类信息激素、生物胺等活性物质，这些物质如同精密的生物信号分子，有望参与调节人体复杂的生理机能。例如，某些信息激素或许能够影响人体的神经传导，为神经系统相关疾病的治疗提供新思路；生物胺则可能在心血管系统中发挥作用，助力维持血管的正常张力与血液循环。另一方面，借助物化和生物手段诱导蠼螋产生各类抗菌肽、凝集素等生物活性物质。抗菌肽犹如机体的"天然抗生素"，当面临细菌感染时，其强大的抗菌特性可协助人体免疫系统抵御病菌侵袭，为解决日益严峻的抗生素耐药问题提供潜在方案；凝集素能够识别并结合特定的糖类分子，在免疫调节、细胞识别等诸多过程中扮演关键角色，有望用于开发新型免疫治疗药物。

相较于传统虫体入药，现代医学对蠼螋的研究深度与广度

八、小蠼螋　大能量

都大幅拓展，尽管现阶段仍处于探索阶段，但这些前沿探索为未来蠼螋在医药领域大放异彩奠定了基础，有望开启蠼螋药用价值的全新篇章，为人类健康福祉带来更多惊喜。

（六）高营养食品

在当今时代，气候变化与人口激增相互交织，如同一对沉重的枷锁，使得粮食危机的阴影愈发浓重，深深笼罩在人类社会之上。联合国粮食及农业组织敏锐洞察到这一严峻局势，于2013年果敢地提出将昆虫食品纳入解决粮食短缺困境的战略方案，自此，相关探索与实践工作正式拉开帷幕。

昆虫，这一自然界中微小却蕴含巨大能量的生物群体，拥有令人瞩目的营养价值。相较于传统家畜，如牛、猪等，昆虫的生长周期大幅缩短，能够在更短的时间内达到可利用的阶段，饲养效率极高。而且，其养殖过程对环境资源的索取少之又少，极大减轻了生态负荷。然而，现实的困境在于，地球能够用于粮食生产的土地资源本就捉襟见肘，人类面临的蛋白质匮乏问题日益尖锐。在此背景下，昆虫食品行业应运而生，蓬勃兴起，这不仅是顺应时势之举，更是对大食物观的生动践行，为拓展食物来源版图开辟了全新路径。

蠼螋，便是这昆虫大军中的一支"潜力股"。它身兼双重角色，既能凭借独特的药理特性入药，在传统医学领域发挥作用，又可作为新型的蛋白质供给源头，为人类营养餐桌添砖加瓦。深入探究其内在功效，蠼螋具备出色的抗氧化特质，宛如一位忠诚的细胞卫士，能够精准捕捉并清除体内的氧化物质，强力抑制自由基的肆虐，从根源上降低自由基对人体细胞的侵蚀风险，捍卫细胞的正常结构与功能完整。与此同时，它还展现出卓越的调节代谢能力，恰似身体内的"代谢管家"，一方面助力调节血糖、血脂水平，通过抑制脂肪过度囤积，巧妙维持甘油三酯的健康平衡，降低胆固醇含量，为心血管健康保驾护航；另一方面，能够显著提升心肌的电生理活动能力，确保心脏的强劲律动，全方位延缓机体衰老进程，堪称大自然馈赠的养生瑰宝。

再聚焦昆虫养殖业领域，其为环境带来的诸多益处堪称一场绿色革命。首先，昆虫拥有超凡的饲料转化绝技，令人惊叹不已。数据显示，昆虫仅需 2 千克饲料，就能转化出 1 千克的自身质量，反观牛，要达到类似产出则需消耗 8 千克饲料，二者对比高下立判。这一优势不仅意味着资源利用的最大化，更直接减少了对有限土地资源的依赖，大幅降低了土地承载压力。其次，昆虫养殖节水效能显著，相较于传统农业灌溉需求，用水量锐减，极大缓解了水资源紧张局势。此外，从温室气体排放视角审视，昆虫养殖过程的碳足迹微乎其微。种种优势揭示出，昆虫养殖业如同夜空中最耀眼的新星，在应对当下粮食生产系统可持续性难题时，展现出无与伦比的潜力，已然成为全球范围内虽起步规模尚小，但发展势头迅猛的新兴产业，有望重塑动物饲料生产格局，大幅削减对环境的负面影响。

不过，如同硬币的两面，昆虫养殖业在蓬勃发展、潜力无限的同时，也深陷挑战重重的泥沼，面临一系列严苛的监管要求。一方面，初期建设的高昂资本投入，如同高耸的门槛，令许多潜在投资者望而却步；另一方面，实现规模化经营过程中的压力，如技术瓶颈、市场拓展难题等，以及投资者对行业前景的观望与不确定性，都如同层层枷锁，阻碍着行业的顺畅发展。但即便前路荆棘密布，人们依然满怀热忱，积极探寻破局之道，期望将这些前行路上的绊脚石转化为攀登高峰的垫脚石。令人振奋的是，当下已然涌现出诸多鼓舞人心的发展态势，例如，部分昆虫养殖企业与行业内知名大企业成功缔结战略联盟，借助大企业的资金、技术、市场渠道等优势资源，实现优势互补、协同发展；同时，行业内部愈发重视自动化技术与数据驱动方法的深度应用，通过引入智能养殖设备、精准数据分析等手段，全方位提升养殖效率、优化管理流程，向诸多阻碍发起强有力的冲击，奋力开拓昆虫养殖业的光明未来。

后 记

当您翻阅至此，相信我们一同走过的这段探索革翅目——蠼螋世界的旅程，已为您勾勒出一幅相对完整且生动的画卷，让您得以全方位地认识这些非凡的小生命。此刻，希望您也能如我们一般，怀揣着欣赏与赞叹之情，去重新审视它们所处的多样栖息地，深入理解它们在自然界生态大舞台上所扮演着的不可或缺的角色。

在漫长的进化历程中，蠼螋为了生存与繁衍，发展出了一套独特的生存策略。为了觅得充足的食物，满足自身能量需求，以及寻找安全的庇护所，躲避天敌与恶劣天气的侵袭，它们的足迹遍布大地。看呐，它们迈着细碎却坚韧的步伐，从容地爬越广袤的地面，穿梭于草丛、石缝之间；凭借着灵活的肢体，奋力攀爬房屋的外墙、庭院的围栏，乃至高耸的树木。而每至 6 月或 7 月，随着外界环境的悄然变化，一些蠼螋个体或许会开启一场特殊的冒险，机缘巧合之下，游荡进我们人类的居所。

诚然，当我们在熟悉的家中，于食物旁或衣物间偶然发现这些不速之客时，内心难免会泛起一丝烦恼。毕竟，它们的突然到访打破了我们生活环境固有的整洁与宁静。但请您放下担忧，不必害怕，只要我们静下心来了解，就会惊觉它们身上蕴藏着别样的魅力。这些看似微不足道的小虫子，实则是迷人大自然精心雕琢的杰作，是生态拼图中不可或缺的一块。

回首过往，我们科研团队连续多年扎根于蠼螋的研究领域，不舍昼夜，从未间断对它们的观察与探索。在这漫长的岁月里，我们惊喜地发现，蠼螋就如同一个个鲜活的小生命个体，各自拥有着独特的个性。在某些瞬间，倘若您仔细端详它们的行为举止，竟会恍惚觉得"它们的行为就像人类一样"。就拿求偶这件大事来说，雄性螳螂为了赢得雌性的芳心，会精心筹备一场场精致的求偶表演。它们或是舞动着触角，以细腻而有节奏的摆动传递爱意；或是展示着自己独特的体态，尽力凸显自身优势，试图以此吸引雌性的目光，这般用心与执着，与人类在情感追求中的努力竟有着微妙的相似之处。

再把目光聚焦到它们的翅膀上，革翅目家族中的大部分成员，其翅膀在外观上有着极高的相似度，仿若大自然统一的"设计模板"。然而，令人费解的是，大多数螳螂在日常生活中并不频繁地启用这对翅膀。这一现象犹如一个未解之谜，长久以来吸引着昆虫学家们不断探寻。飞行，这本该是昆虫与生俱来的技能，可对于螳螂而言，它们飞行的确切目的究竟是什么？又究竟是在怎样特定的条件驱使下，才会让它们振翅高飞？这些问题至今仍然笼罩在一层神秘的迷雾之中，等待着更多有志之士投身研究，去揭开谜底。

希望这本书，能够成为您走进螳螂世界的一扇窗，激发您对这些神奇小生物的热爱与好奇，也期待在未来，有更多人关注并保护它们，让螳螂以及整个自然界的生物多样性得以延续，绽放更加绚烂的光彩。

参考文献

[1] 田彩红,封洪强,李国平,等.一种蠷螋的人工饲料及其制备和饲养方法:202110010694.7[P].2022-10-11.

[2] 田彩红,封洪强,李国平,等.一种蠷螋高效诱集饵料及其制备方法:202011121772.2[P].2023-03-28.

[3] 田彩红,封洪强,李国平,等.一种观测昆虫羽化和生殖行为节律的装置:202220215577.4[P].2022-05-13.

[4] 田彩红,封洪强,尹新明,等.一种便于交配产卵的昆虫饲养装置:202420352973.0[P].2024-10-18.

[5] 田彩红,封洪强,尹新明,等.一种昆虫卵自动孵化装置:202322621609.8[P].2024-04-12.

[6] 田彩红,封洪强,李国平,等.一种气味诱捕器:202321757482.6[P].2024-01-02.

[7] 田彩红,张俊逸,李国平,等.溪岸蠷螋的生物学特性及对草地贪夜蛾的捕食能力[J].植物保护学报,2022,49(05):1499-1504.

[8] 田彩红,张俊逸,徐存翙,等.溪岸蠷螋对棉铃虫的捕食能力[J].植物保护,2023,49(01):157-163.

[9] Byers John A. Earwigs (*Labidura riparia*) mimic rotting-flesh odor to deceive vertebrate predators[J]. Die Naturwissenschaften, 2015, 102(7-8): 38.

[10] Fulton B B. Some habits of earwigs[J]. Annals of the Entomological Society of America, 1924, 17(4): 357-367.

[11] Mareike G, Gerhard W, Walter D. Colonisation of secondary habitats in mining sites by *Labidura riparia* (Dermaptera: Labiduridae) from multiple natural source populations[J]. Journal of Insect

Conservation, 2021, 25（2）: 349-359.

[12] Kamimura Y. Right-handed penises of the earwig *Labidura riparia* (Insecta, Dermaptera, Labiduridae): evolutionary relationships between structural and behavioral asymmetries [J]. Journal of Morphology, 2006, 267（11）: 1381-9.

[13] Liu B, Yang L, Yang F, et al. Landscape diversity enhances parasitism of cotton bollworm *Helicoverpa armigera* eggs by *Trichogramma chilonis* in cotton [J]. Biological Control, 2016, 93: 15-23.

[14] Sueldo R M, Bruzzone A O, Virla G E. Characterization of the earwig, *Doru lineare*, as a predator of larvae of the fall armyworm, *Spodoptera frugiperda*: a functional response study [J]. Journal of Insect Science, 2010, 10（38）: 1-10.

[15] Sophie M V, Séverine D, Joël M. Earwig mothers consume the feces of their juveniles during family life [J]. Insect Science, 2021, 29（2）: 595-602.

[16] Schlinger E I, Vandenbosh R, Dietrick E J. Biological notes on the predaceous earwig *Labidura riparia* (Pallas), a recent immigrant to California [Dermaptera: Labiduridae][J]. Journal of Economic Entomology, 1959, 52（2）: 247-249.

[17] Shepard M, Waddill V, Kloft W. Biology of the predaceous earwig *Labidura riparia* (Dermaptera: Labiduridae) [J]. Annals of the Entomological Society of America, 1973, 66（4）: 837-841.

[18] Fattorini S. Historioal Biogeography of Earwigs [J]. Biology, 2022, 11（12）: 1974.

[19] Hagen K S, Milis N J, Gordh G, et al. Handbook of Biological Control Principles and Applications of Biological Control [M]. Cambridge, Massachusetts: Academic Press, 1999.